制造业高端技术系列

新型 TiB_2 基陶瓷刀具材料

宋金鹏　著

机 械 工 业 出 版 社

本书系统地介绍了新型 TiB_2 基陶瓷刀具材料的设计、制备、性能测试方法及摩擦磨损性能。其主要内容包括：新型 TiB_2 基陶瓷刀具材料的设计、新型 TiB_2 基陶瓷刀具材料的制备、新型 TiB_2 基陶瓷刀具材料的测试技术，以及新型 TiB_2-HfN、TiB_2-HfC、TiB_2-HfB_2 陶瓷刀具材料制备工艺的优化过程及其与硬质合金、不锈钢、钛合金对磨时的摩擦磨损性能。本书为新型陶瓷刀具材料的设计与制备提供了方法指导，并为提高陶瓷刀具材料的耐磨性提供了依据，具有较高的实用参考价值。

本书适合从事陶瓷刀具材料研制的技术人员使用，也可供相关专业的在校师生参考。

图书在版编目（CIP）数据

新型 TiB_2 基陶瓷刀具材料/宋金鹏著. —北京：机械工业出版社，2019. 8
（制造业高端技术系列）
ISBN 978-7-111-63079-1

Ⅰ. ①新… Ⅱ. ①宋… Ⅲ. ①陶瓷刀具－材料研究 Ⅳ. ①TG711

中国版本图书馆 CIP 数据核字（2019）第 130745 号

机械工业出版社（北京市百万庄大街 22 号 邮政编码 100037）
策划编辑：陈保华 责任编辑：陈保华
责任校对：张 力 封面设计：马精明
责任印制：郜 敏
北京圣夫亚美印刷有限公司印刷
2019 年 8 月第 1 版第 1 次印刷
169mm×239mm · 9. 25 印张 · 184 千字
标准书号：ISBN 978-7-111-63079-1
定价：69. 00 元

电话服务
客服电话：010－88361066
010－88379833
010－68326294

网络服务
机 工 官 网：www. cmpbook. com
机 工 官 博：weibo. com/cmp1952
金 书 网：www. golden－book. com
机工教育服务网：www. cmpedu. com

前言

随着难加工材料在航空航天和工业工程中的广泛应用，传统刀具因其局限性已无法胜任各种高强度、高硬度难加工材料的高速加工，而陶瓷刀具以其优异的耐热性、耐磨性和化学稳定性，在高速切削难加工材料方面展示出传统刀具无法比拟的优势。陶瓷刀具材料的研制涉及的学科较多，如粉末冶金学、陶瓷材料学、物理学、化学、金属学、制造工艺学等。近年来，陶瓷刀具的研制有了一定的进展，已研制成功的陶瓷刀具有 Al_2O_3基陶瓷刀具、Si_3N_4基陶瓷刀具、TiCN 基陶瓷刀具以及 TiB_2基陶瓷刀具等。其中，TiB_2基陶瓷刀具材料具有高熔点、高硬度、良好的耐蚀性和导电性，是一种理想的刀具材料，已成为刀具领域的一个研究热点。

本书系统地介绍了 TiB_2基陶瓷刀具材料的研究现状、设计原则与设计方法、制备工艺、加工工艺、测试技术，创新设计并成功制备了新型 TiB_2基陶瓷刀具材料：TiB_2-HfN 陶瓷刀具材料、TiB_2-HfC 陶瓷刀具材料、TiB_2-HfB_2陶瓷刀具材料。本书通过试验研究了材料含量、金属相种类、烧结工艺参数对陶瓷刀具材料微观组织与力学性能的影响，揭示了影响陶瓷刀具材料微观组织和力学性能的内在机制，为新型陶瓷刀具材料的设计与制备提供了方法指导；本书还通过试验研究了新型陶瓷刀具材料与硬质合金、不锈钢、钛合金对磨时的摩擦磨损性能，揭示了陶瓷刀具材料与具有不同硬度和黏塑性材料对磨时的磨损机理，为提高陶瓷刀具材料的耐磨性提供了依据。

本书的出版得到了国家自然科学基金项目（51875388、51405326）和山东大学高效洁净机械制造教育部重点实验室开放课题的资助。在课题研究和书稿撰写过程中，山东大学黄传真教授、邹斌教授和太原理工大学吕明教授给予了作者热情的指导和帮助，在此表示衷心感谢。书稿撰写过程中作者参考了国内外一些专著与文献，特向这些文献的作者致谢，并向在本书编写、出版过程中给予帮助和支持的同志表示谢意。

由于作者理论和实践水平有限，书中难免存在不妥之处，敬请读者给予批评指正。

宋金鹏

目录

第1章

绪　论

1.1　TiB_2陶瓷的性能和特点

二硼化钛（TiB_2）是由硼与钛所形成的C32型化合物，属六方晶系的准金属化合物，B—B键呈六角形网，B—B原子间的距离相对较小，其对二硼化钛的稳定性起决定性作用[1]。C32型化合物具有熔点高、硬度大、耐热性和耐磨性好、抗化学腐蚀能力强等特点。对于TiB_2来说，其熔点高达2980℃，维氏硬度约为34GPa，且高温下可保有较高的硬度，线胀系数为$8.1\times10^{-6}/K$，电阻率为$1.0\times10^{-7}\Omega\cdot m$，热导率为$24W/(m\cdot K)$，弹性模量为530GPa，密度为$4.52g/cm^3$；在空气中的抗氧化温度高达1000℃，且其化学稳定性与耐蚀性良好，在HCl和HF酸中比较稳定[2,3]。此外，TiB_2中的硼原子面和钛原子面形成二维网状结构，B原子间以共价键相结合，且在硼与钛所形成的化合物中，TiB_2的共价性最明显，多余的电子形成共轭大π键。TiB_2硼原子的层状排布类似于石墨的片层结构，这种结构与Ti外层的电子共同决定了TiB_2具有良好的导电性和金属光泽；同时，硼原子面和钛原子面之间所形成的Ti—B键决定了TiB_2具有高硬度和大的脆性[4,5]。

由于TiB_2具有高的熔点、高硬度、良好的耐热性和耐磨性、强的抗化学腐蚀能力，以及密度小等特点，它可作为航空航天和工业工程领域中重要的高温度结构材料，近年来得到了国内外学者的广泛重视。由于制备纯TiB_2陶瓷材料所需的烧结温度较高，烧结过程中材料难以致密化，且最终所制备的TiB_2陶瓷材料的密度较低、抗弯强度低、脆性大[6-8]，这些制约着TiB_2陶瓷材料的广泛应用。为了充分利用TiB_2陶瓷材料的优点，克服其烧结温度高、难以致密化，以及抗弯强度低和脆性大的缺点，目前主要通过多元复合的方法来制备各类高性能陶瓷部件。

1.2 TiB_2基陶瓷材料的性能、特点及应用

大量研究表明，纯TiB_2陶瓷材料烧结温度高且难以烧结致密化的原因是其熔点高、具有极强的共价键晶体结构且自扩散系数较低[9-11]。目前常通过多元复合的方法来提高TiB_2陶瓷材料的可烧结性以及烧结制品的性能。采用多元复合所制备的TiB_2基复合陶瓷材料具有优异的性能，常被用来制作装甲部件、耐磨部件、导热涂层、霍尔电极、蒸发舟、电火花加工所用的电极、断电器、切削刀具等[12-14]，应用在航天航空以及工业工程等领域。在多元复合的过程中，常将TiB_2与金属或与其他陶瓷或与金属和其他陶瓷同时进行复合以制备出具有不同性能、可应用在不同场合的TiB_2基陶瓷材料。

1. TiB_2与金属复合所制备的TiB_2基陶瓷材料

要获得致密化的TiB_2陶瓷材料，烧结温度应在2100℃以上，且还需要较长的保温时间。在如此高的烧结温度和长的保温时间作用下，TiB_2晶粒易生长过大形成粗大晶粒，这些粗大晶粒会削弱TiB_2陶瓷材料的力学性能。为了克服这些不利的影响，常将金属与TiB_2进行复合，以提高TiB_2陶瓷材料的致密度和力学性能。一般采用以下三种方法来制备TiB_2基金属复合陶瓷材料：第一种方法是自蔓延反应复合法，即将Ti粉、B粉与金属粉末混合，实现Ti粉与B粉的反应合成，同时利用反应过程中产生的大量热能实现金属粉体的熔化或同时采用其他烧结技术，最终合成TiB_2基金属陶瓷材料；第二种方法是将TiB_2粉体与低熔点的金属粉体混合，利用混合物熔点较低的原理，采用不同的烧结技术制备TiB_2基金属陶瓷材料；第三种方法是先制备出TiB_2陶瓷材料，然后采用熔渗金属法制备TiB_2基金属陶瓷材料。

（1）Ti、B粉体和金属粉体的反应复合物

用Ti、B、Cu、Fe、Al等混合粉体在自蔓延反应复合的基础上，借助放电等离子烧结技术或热等静压烧结技术，可以制备出用于制作高性能电触头、切削刀具或耐用模具的TiB_2-Cu、$TiB_2-Fe-Al$等陶瓷材料。因为Ti和B的反应属于放热反应，当引燃反应后，由反应热产生的温度高达1230℃[15]，高于Cu的熔点（1083.4℃）和Al的熔点（600℃），Cu、Al将形成液相。虽然Cu与TiB_2的润湿角为142°，Al与TiB_2的润湿角为114°[16]，但金属液相在高的压力作用下将会铺展开来，填充在TiB_2晶粒间使TiB_2材料获得较高的致密度。在制备TiB_2-Cu复合陶瓷材料的过程中，Cu可能与Ti或B发生反应生成TiB和TiCu化合物[17]，但Cu可以有效改善TiB_2陶瓷材料的微观组织，细化TiB_2晶粒[18]，材料的相对密度可高达97%，抗弯强度约为640MPa，断裂韧度约为9.1MPa·$m^{1/2}$，硬度约为82.5HRA[19]。在制备$TiB_2-Fe-Al$[15]复合陶瓷材料的过程中，虽然Fe的熔点

（1538℃）高于反应热所产生的温度，但形成的液相 Al 会溶解 Fe，Fe 和 Al 可能生成 FeAl 和 Fe_3Al 金属间化合物，TiB_2 – Fe – Al 复合陶瓷材料的相对密度高达 86%，抗弯强度约为 650MPa。

（2）TiB_2粉体与金属粉体的烧结复合物

以 TiB_2粉体为基体，金属粉体 Fe – Ni – Ti – Al、Fe – Mo、Fe、Cr – Fe、Fe – Ni – Al、W – Ni、$CoCrFeNiMn_{0.5}Ti_{0.5}$、Fe – Ni、Fe – Ni – Ti – Al、Co、Ni – Ta、Fe – Mo – Co 等为烧结助剂，借助热压烧结技术、无压烧结技术、放电等离子烧结技术等可制备用于制作切削工具、陶瓷蒸发舟、静电除尘板等的 TiB_2基金属陶瓷复合材料。与 TiB_2的熔点相比，这些金属的熔点都相对较低，在烧结过程中将首先形成液相，可有效地降低烧结温度。以 Fe – Mo – Co 作为金属相，可以在较低的温度范围内（800 ~ 1200℃）无压烧结出性能良好的 TiB_2 – Fe – Mo – Co 陶瓷材料，材料的硬度高达 95.6HRA，密度为 $6050kg/m^3$[20]。这些液相金属将填充在 TiB_2颗粒的周围，在烧结过程中对 TiB_2颗粒进行熔蚀，使 TiB_2颗粒变小并实现 TiB_2颗粒的重排，同时溶解在液相中的 TiB_2达到饱和时，将析出形核结晶成 TiB_2晶粒，此时液相将包裹在 TiB_2晶粒的周围，最终使 TiB_2陶瓷材料的致密度得以提高。此外，在烧结过程中，金属还可能与 TiB_2形成新的化合物或固溶体，或起到抑制 TiB_2晶粒生长的作用，或在微观组织中形成新的结构。

在 TiB_2基金属陶瓷材料的烧结过程中，有些金属可能与 TiB_2反应形成新的化合物或固溶体。将 Fe – Mo 粉体与 TiB_2在 1600℃下进行热压烧结后，在材料中发现有 FeB_2化合物的生成，TiB_2 – Fe – Mo 陶瓷材料的抗弯强度为 954MPa[21]；对 Fe – Ni – Ti – Al 和 TiB_2的混合粉体在 1300℃下进行放电等离子烧结后，在材料中也发现 Fe 和 Ni 易与 TiB_2反应形成 MB_2型的化合物，TiB_2 – Fe – Ni – Ti – Al 材料的维氏硬度为 21.1GPa，弹性模量为 461.4GPa[22]；在 1550℃下，对 Co 和 TiB_2的混合粉体无压烧结后，发现 Co 也易与 TiB_2发生反应生成 Co_2B，所制备的 TiB_2 – Co 陶瓷材料的维氏硬度高达 30.29GPa，弹性模量为 514GPa[23]；在 1500℃下，对 $CoCrFeNiMn_{0.5}Ti_{0.5}$和 TiB_2的混合粉体放电等离子烧结后，也发现有新的化合物 TiO 和 Ti_9O_{17}的生成，材料的相对密度为 99.1%，抗弯强度为 427.69MPa[24]；对 W – Ni 与 TiB_2的混合粉体在 1400℃下热压烧结后，发现 TiB_2会与 W – Ni 合金熔液中的 W 形成（Ti，W）B_2固溶体，此固溶体可强化 TiB_2晶界，提高材料的力学性能，材料的抗弯强度为 875MPa，弹性模量为 500GPa，断裂韧度为 $5MPa \cdot m^{1/2}$[25]。

在 TiB_2基金属陶瓷的烧结过程中，有些金属会起到抑制 TiB_2晶粒的长大或避免脆性相生成的作用。将 Fe 粉体和 Cr – Fe 粉体分别与 TiB_2粉体在 1900℃下无压烧结后，通过对两种材料微观组织的对比，发现同时加入 Cr 和 Fe 比仅加入 Fe 不仅可高效地提高 TiB_2陶瓷材料的致密度，而且可抑制 TiB_2晶粒的长大，TiB_2 – Cr – Fe 陶瓷材料的相对密度高达 97.5%[26]；对 Ni – Ta 和 TiB_2的混合粉体在 2100℃下无压烧结后，发现 Ni-Ta 也可抑制 TiB_2晶粒的长大，且有利于提高材料的致密度，材料的相对密度为 98.1%[27]；对 Fe-Ni-Ti-Al 和 TiB_2的混合粉体在 1350℃下热压烧结后，发现加入的 Ti 可有效避免 Fe_2B、$Ni_{23}B_6$等脆性相的生成，加入的 Al 有除氧作用，所制备材料的抗弯强度为 598MPa[21]。

此外，在金属粉体与 TiB_2粉体的烧结过程中，材料的微观组织中还可能形成新的结构。将 Fe-Ni 和 TiB_2的混合粉体在 1700℃下无压烧结后，发现材料有芯-壳结构，此结构有利于材料抗弯强度和断裂韧度的提高，材料的抗弯强度为 1050.92MPa，断裂韧度为 17.75MPa · $m^{1/2}$，维氏硬度为 8.56GPa，相对密度为 98.32%[28]。

（3）熔渗金属 TiB_2基陶瓷材料

采用无压烧结技术结合自发浸渗法，可制备出高性能火箭发动机用关键材料 TiB_2-Cu 基发汗陶瓷复合材料。先将 TiB_2粉体在模具里进行冷等静压形成素坯，接着将素坯在 2000℃的真空中进行无压烧结，烧结后的材料具有较高的致密度，材料的相对密度为 85%；然后再将 TiB_2陶瓷材料在 1500℃下进行了 Cu 和 Ni 的熔渗。熔渗后的 TiB_2-Cu 复合陶瓷材料的相对密度高达 98.4%，抗弯强度高达 640.5MPa，断裂韧度为 9.37MPa · $m^{1/2}$。熔渗后的 TiB_2-Cu 复合陶瓷材料在电弧加热和冷却过程中没有出现崩裂现象，金属 Cu 在陶瓷材料中呈明显的阶梯分布，在烧蚀区没有检测到 Cu，表明 Cu 金属在高温下起到了“发汗冷却”作用[29,30]。

2. TiB_2与其他化合物或单质复合所制备的 TiB_2基陶瓷材料

TiB_2属于共价化合物，扩散系数低，难以致密化，且烧结温度高，最终材料的抗弯强度和断裂韧度都较低。为了克服这些缺点，提高 TiB_2陶瓷材料的应用，可将 TiB_2与其他化合物采用不同的烧结技术复合制备出高性能 TiB_2基陶瓷材料，用于制作装甲部件、耐磨部件、电极、蒸发舟等。常与 TiB_2复合的化合物有氧化物如 Al_2O_3，氮化物如 AlN、Si_3N_4，硅化物如 $TiSi_2$、$MoSi_2$，硼化物如 ZrB_2、NbB_2，碳化物如 SiC、B_4C、TiC、NbC、TaC，碳单质如碳纳米管、石墨烯。

（1）TiB_2-氧化物复合陶瓷材料

以稀土氧化物 La_2O_3-Y_2O_3作为烧结助剂，可在 1700℃下实现 Al_2O_3与 TiB_2的热压烧结，TiB_2基复合材料达到致密化所需的温度随着 Al_2O_3含量的增加而逐渐降低，且复合材料更容易实现烧结。此外，Al_2O_3还有细化 TiB_2晶粒的作用，TiB_2-30%（质量分数，下同）Al_2O_3复合陶瓷材料的抗弯强度为 667MPa[31]。

（2）TiB_2-氮化物复合陶瓷材料

AlN 是一种共价键化合物，属六方晶系，其导热性好，线胀系数小，稳定性高，室温强度高，且随温度的升高强度下降较慢，是一种理想的增强相[32]。将 AlN 与 TiB_2的混合粉体在 1900℃下放电等离子烧结后，发现有少量的 hBN、TiN、AlB_2和 Al_2O_3生成，这是由于 TiB_2粉末颗粒表面存在微量的 TiO_2和 B_2O_3，其在高温下与 AlN 发生了化学反应，TiB_2 – 30% AlN 复合陶瓷材料的相对密度约为 95%，硬度约为 15.8GPa，断裂韧度约为 6.0MPa · $m^{1/2}$[33]。Si_3N_4也为原子晶体，属六方晶系，具有良好的耐热性、耐磨性及高温抗氧化性。将 Si_3N_4与 TiB_2的混合粉体在 1900℃下放电等离子烧结后，发现 Si_3N_4对 TiB_2具有清洁作用，其可与 TiB_2表面的氧化物 TiO_2和 B_2O_3发生反应生成 BN、TiN 和 SiO_2，BN 和 TiN 可抑制 TiB_2晶粒的长大，BN 还具有增韧作用，而 SiO_2在 1710℃时仍为液相，有利于材料致密度的提高[14]。

(3) TiB_2 – 硅化物复合陶瓷材料

硅化物具有良好的抗氧化性和导电性能，与硼化物匹配性较好，可作为添加相在低温下实现 TiB_2陶瓷材料的致密化[34]。$TiSi_2$与 TiB_2的混合粉体在 1650℃下热压烧结后，材料基本达到了致密化。这是由于 $TiSi_2$的熔点低于烧结温度，其形成的液相可润湿 TiB_2颗粒，通过液相传质机理可促进 TiB_2颗粒的重排，同时 $TiSi_2$与 TiB_2反应生成的 SiO_3能够填充材料内部的微孔洞，也促进了 TiB_2陶瓷的致密化。TiB_2 – $TiSi_2$复合陶瓷材料的相对密度高达 99.3%[35]。此外，TiB_2 – $TiSi_2$复合陶瓷材料在 800 ~ 1450℃范围内具有良好的氧化性能。在氧化过程中，$TiSi_2$先于 TiB_2与氧气发生反应，生成的 TiO_2和 SiO_2将形成保护层，可阻碍材料与氧气进一步接触，提高了 TiB_2 – $TiSi_2$陶瓷材料的使用温度[36]。将 $MoSi_2$与 TiB_2的混合粉体在 1700℃下热压烧结后，发现在材料中有少量的 Ti_5Si_3和 Mo_5Si_3脆性相，由于 $MoSi_2$和 Mo_5Si_3的线胀系数均小于 TiB_2的线胀系数，在冷却阶段，TiB_2晶粒内部将受拉应力，晶界处将受到压应力，这可以提高材料的晶界强度。TiB_2 – 2.5% $MoSi_2$陶瓷材料的相对密度大于 99%，维氏硬度为 30GPa，抗弯强度为 400MPa，断裂韧度为6MPa · $m^{1/2}$[3]。

(4) TiB_2 – 硼化物复合陶瓷材料

过渡金属硼化物 ZrB_2、NbB_2与 TiB_2具有相同的晶体结构，在 TiB_2基体中添加适量的过渡金属硼化物，可以与 TiB_2形成固溶体，促进晶粒细化，提高材料的力学性能。将 ZrB_2与 TiB_2的混合粉体在 1800℃下热压烧结后，发现 ZrB_2与 TiB_2通过相互扩散在界面发生了固溶反应，并在界面形成了相互固溶的界面层，其可有效降低晶界的迁移速度，实现 TiB_2晶粒的细化[37]。生成的固溶产物有两种，分别为 Zr 固溶后形成的富 Ti 硼化物（$Ti_{0.8}Zr_{0.2}$）B_2和部分 Ti 固溶后形成的富 Zr 硼化物（$Ti_{0.2}Zr_{0.8}$）B_2，这些固溶体可细化 TiB_2 – ZrB_2 – SiC 陶瓷材料的微观组织，使材料的性能得以提高。在 1700℃下放电等离子烧结后的 TiB_2 – ZrB_2 – SiC 陶瓷材料的抗弯强度为 780.5MPa，断裂韧度为 7.34MPa · $m^{1/2}$[38]。同样，将 NbB_2与 TiB_2的混合粉体在 1800℃下进行热压烧结也可以实现两者的固溶复合，TiB_2 – NbB_2陶瓷材料的抗弯强度为 630MPa，断裂韧度为 7.1MPa · $m^{1/2}$[39]。

(5) TiB_2－碳化物复合陶瓷材料

SiC 具有热导率高、耐磨性好、线胀系数小，以及化学性能稳定的特点，可用来提高 TiB_2 陶瓷材料的致密度、力学性能和氧化性能。将 SiC 与 TiB_2 的混合粉体在 2050℃下高频感应加热复合后，发现 SiC 可以提高 TiB_2 的致密度。TiB_2－SiC 复合陶瓷材料的相对密度高达 99.1%[40]。SiC 与 TiB_2 的混合粉体在 1700℃下热压复合后，SiC 可显著提高 TiB_2 基陶瓷材料的力学性能。TiB_2－SiC 陶瓷材料在室温下的抗弯强度为 797MPa，维氏硬度为 19.4GPa，断裂韧度为 6.9MPa · $m^{1/2}$，其在 800℃下的抗弯强度为 902MPa，1000℃下的抗弯强度为 713MPa，1200℃下的抗弯强度为 226MPa[41]。对 Si、Ti、B_4C 和 TiB_2 的混合粉体在 1700℃下热压反应复合后，在 TiB_2－SiC 复合陶瓷材料中发现了长条状的 TiB_2 晶粒，这有利于材料相对密度的提高，同时，长条状 TiB_2 晶粒形成的互锁结构有利于材料断裂韧度和抗弯强度的提高。TiB_2－SiC 复合陶瓷材料的抗弯强度为 704MPa，断裂韧度为 5.6MPa · $m^{1/2}$，硬度为 19.8GPa[42]。

B_4C 为斜方六面体结构，具有熔点高、硬度高、密度低、化学稳定性好、热性能和电性能优良等特点，可作为 TiB_2 陶瓷材料的添加相，提高材料的致密和力学性能。将 B_4C 和 TiB_2 的混合粉体在 1700℃下等离子加压复合后，发现复合材料的密度几乎接近理论密度，TiB_2－B_4C 复合材料的维氏硬度高达 45.16GPa[9]。B、C 和 TiB_2 的混合粉体在 1900℃下放电等离子复合后，B_4C 晶粒与 TiB_2 晶粒结合紧密并分布在 TiB_2 晶粒之间，形成了 B_4C 骨架结构。TiB_2－B_4C 陶瓷材料室温下的抗弯强度为 910MPa，1600℃下的抗弯强度为 1105MPa，1800℃下的抗弯强度为 600MPa[43]。

TiC 属面心立方晶系，具有熔点高、硬度高、导热性好、化学稳定性好及高温抗氧化性良好等特点。将 TiH_2 与 B_4C 的混合粉体在 1550℃下热等静压复合后，TiB_2－TiC 复相陶瓷材料的相对密度高达 99.3% 以上，其中 TiB_2 为条块状，复合材料中有 Ti_3B_4 化合物生成[44]。将 Ti 与 B_4C 的混合粉体进行反应复合，反应产物为 TiB_2 和 TiC，TiC 晶粒不规则地分布在 TiB_2 柱状晶的周围，二者结合紧密。TiB_2－TiC 陶瓷材料的相对密度为 93.2%，维氏硬度为 21.4GPa，抗弯强度为 258MPa，断裂韧度为 4.6MPa · $m^{1/2}$[45]。向 Ti 和 B_4C 的烧结体系中引入 WO_3 + Al 的高能铝热剂，采用自蔓延离心熔铸法制备的 TiB_2－TiC－(Ti,W)C 陶瓷材料主要由 TiB_2 片晶、TiC 球晶以及 (Ti, W) C 固溶体组成，材料的硬度为 24.6GPa，抗弯强度为 584MPa，断裂韧度为 20.3MPa · $m^{1/2}$[46]。

NbC 和 TaC 都属于立方晶系，具有熔点高、硬度高、化学稳定性好、导电性和导热性好等优点，常被用来作为增强相或阻碍晶粒生长的抑制剂。将 NbC 和 TaC 分别与 TiB_2 在 2000℃下放电等离子复合后，TiB_2－NbC 和 TiB_2－TaC 复合材料中分别生成了 (Nb, Ti) C、(Ti, Nb) B_2 固溶体和 (Ti, Ta) (C, B) 固溶体，这些固溶体不仅有利于提高复合的致密度，而且还有利于提高 TiB_2 基复合材料的力学性能。此外，TiB_2-TaC 材料中还发现了芯－壳结构，芯的主要成分是 TiB_2，壳的主要成分是（Ti，Ta）（C，B）固溶体。TiB_2-NbC[13] 陶瓷材料的硬度为24GPa，断裂韧度为6.8MPa·$m^{1/2}$。TiB_2-TaC[8] 陶瓷材料的室温抗弯强度为533MPa，高于单相 TiB_2 的室温抗弯强度（370MPa），这是由于加入TaC能够抑制 TiB_2 晶粒生长；其在1600℃下的抗弯强度为480MPa，与室温下的抗弯强度相差不大。

（6）TiB_2－碳单质复合陶瓷材料

碳纳米管（CNTs）具有良好的力学性能和热性能，对于结构陶瓷材料来说是一种良好增强相，能够显著地提高陶瓷材料的断裂韧度。将碳纳米管与 TiB_2 在1750℃下放电等离子复合后，发现碳纳米管的拔出作用可显著提高 TiB_2 基陶瓷材料的抗弯强度和断裂韧度。TiB_2-CNTs 陶瓷材料的抗弯强度为741MPa，断裂韧度为9.1MPa·$m^{1/2}$[47]；$TiB_2-SiC-CNTs$ 陶瓷材料的抗弯强度为925MPa，断裂韧度为10.4MPa·$m^{1/2}$[48]。石墨烯（GnS）具有独特的二维结构，高的抗拉强度和弹性模量，对脆性陶瓷来说，其是一种理想的增韧剂。石墨烯与 TiB_2-TiC 在1800℃下放电等离子复合后，石墨烯的滑黏效应可高效地阻碍裂纹的扩展，从而提高材料的断裂韧度。$TiB_2-TiC-GnS$ 复合陶瓷材料的断裂韧度为7.9MPa·$m^{1/2}$，硬度为20GPa[49]。

3. TiB_2 与金属及其他化合物同时复合所制备的 TiB_2 基陶瓷材料

以 TiB_2 为基体，将金属及其他化合物与 TiB_2 复合，不仅可以改善 TiB_2 陶瓷烧结性能和微观组织，还可以提高 TiB_2 基陶瓷材料的性能和应用范围。此类 TiB_2 基陶瓷材料有：$TiB_2-TiC-Ni$、$TiB_2-Al_2O_3-Ni$、$TiB_2-(W,Ti)C-Ag$、$TiB_2-TiC-Ni-Al$、$TiB_2-B_4C-Ni-Al$、$TiB_2-TiN-(Ni,Mo)$、$TiB_2-TiN-Ni-Csf$、$TiB_2-TiC-WC-Ni$、TiB_2-WC、$TiB_2-SiC-Ni$、$TiB_2-CNTs-Ni$ 等。

将 TiH_2、Ni 和 B_4C 的混合粉体在1400℃下热等静压复合后，发现Ni在烧结过程中形成的液相有利于颗粒重排，消除残余孔隙，提高烧结制品的致密度。$TiB_2-TiC-Ni$ 复合陶瓷材料的相对密度为99.3%，抗弯强度为354.5MPa，断裂韧度为5.0MPa·$m^{1/2}$，维氏硬度为23.3GPa[50]。将 Al_2O_3、Ni 与 TiB_2 的混合粉体在1700℃下进行气压烧结后，同样发现烧结过程中形成的金属Ni液相可使 TiB_2 颗粒重排，促进材料的致密化，而 Al_2O_3 可阻碍 TiB_2 晶界的迁移，细化 TiB_2 晶粒。$TiB_2-Al_2O_3-Ni$ 复合陶瓷材料的相对密度为98.7%，抗弯强度为520MPa，弹性模量为339GPa，洛氏硬度为92.6HRA[51]。将（W，Ti）C、Ag 与 TiB_2 的混合粉体在1650℃下热压复合后，发现低熔点的Ag作为助烧剂能够提高颗粒之间的润湿性，改善基体与增强相之间的黏结性能，从而提高材料的相对密度。在摩擦磨损试验中，发现在 $TiB_2-(W,Ti)C-Ag$ 陶瓷刀具材料磨损表面形成的富含润滑剂Ag的润滑膜能够减小材料间的摩擦因数与材料的磨损量[52]。

将 Ni－Al 引入到（B_4C＋Ti）体系中，采用超重力燃烧合成后，发现 Ni－Al 可抑制 TiB_2晶粒的长大，实现晶粒细化，陶瓷基体上残存的微孔洞较少。TiB_2－TiC－Ni－Al 复合陶瓷材料的相对密度为 99.3%，硬度为 22.6GPa，抗弯强度为 948MPa，断裂韧度为 13.6MPa·$m^{1/2}$[53]。将 B_4C、Ni、Al 与 TiB_2的混合粉体在 1800℃下热压复合后，发现含有 Ni、Al 的 TiB_2基陶瓷材料的气孔较少，仅有少量的气孔残留在晶内或三叉晶界处，而不含 Ni、Al 的 TiB_2基陶瓷材料呈疏松多孔状，这表明 Ni、Al 能够提高 TiB_2－B_4C 复合陶瓷材料的致密度；同时发现 Al 能与原始粉体颗粒表面的氧化物 TiO_2、B_2O_3发生反应，改善粉体的烧结性能；此外，Ni、Al 可改变 TiB_2基陶瓷材料的断裂模式。TiB_2－B_4C－Ni－Al 复合陶瓷材料的抗弯强度为 711MPA，断裂韧度为 4.6MPa·$m^{1/2}$，维氏硬度为 22.7GPa[54]。

将 TiN、Ni、Mo 与 TiB_2的混合粉体在 1530℃下热压复合后，发现 Ni、Mo 能够在烧结过程中生成 MoNi 相，避免了脆硬性金属硼化物的生成，从而改善了材料力学性能；第二相 TiN 可以改变 TiB_2材料的断裂方式，起到强化晶界的作用。TiB_2－TiN－（Ni，Mo）复合陶瓷材料的抗弯强度为 862.7MPa，断裂韧度为 7.25MPa·$m^{1/2}$，维氏硬度为 18.13GPa[55]。此外，加入碳纤维（Csf），可提高 TiB_2－TiN－Ni 基复合陶瓷材料的断裂韧度。当 Csf 的质量分数为 1.5%时，复合陶瓷材料的断裂韧度为 10.39 MPa·$m^{1/2}$[56]。

将 WC、TiC、Ni 与 TiB_2的混合粉体在 1650℃下热压复合后，发现金属 Ni 能提高界面能，使材料的断裂模式发生改变，WC 可以抑制 TiB_2晶粒的长大。TiB_2－TiC－WC－Ni 复合陶瓷材料的抗弯强度为 955.71MPa，断裂韧度为 7.5MPa·$m^{1/2}$，维氏硬度为 23.5GPa[57]。同样，分别将 Co、Ni 和（Ni，Mo）与 WC 和 TiB_2的混合粉体在 1650℃下热压复合后，发现 TiB_2－WC－Ni 和 TiB_2－WC－Ni－Mo 复合陶瓷材料中有 Ni_3B_4脆性相生成，而 TiB_2－WC－Co 复合陶瓷材料中有 WC_2CB_2和 Co_2B脆性相生成，TiB_2－WC－（Ni，Mo）复合陶瓷材料中生成的 $MoNi_4$金属间化合物可抑制（Ni，Mo）液相的消耗，（Ni，Mo）不仅可以抑制微孔洞和粗大 TiB_2晶粒的形成，而且还可以强化 WC 和 TiB_2晶粒间的结合强度。TiB_2－WC－（Ni，Mo）复合陶瓷材料的相对密度为 99.1%，抗弯强度为 1307.0MPa，断裂韧度为 8.19MPa·$m^{1/2}$、维氏硬度为 22.71GPa[58]。

将 Ni、Si、Ti 与 B_4C 的混合粉体在 1700℃下热压反应复合后，发现 Ni 能抑制 TiB_2的各向异性生长，获得细小的 TiB_2晶粒，而 SiC 晶粒和细长 TiB_2晶粒能起到使裂纹偏转的作用，有利于提高 TiB_2－SiC 陶瓷材料的断裂韧度。TiB_2－SiC－Ni 复合陶瓷材料的抗弯强度为 858MPa，断裂韧度为 8.6MPa·$m^{1/2}$，维氏硬度为 20.2GPa[59]。此外，将碳纳米管（CNTs）、Ni 与 TiB_2的混合物在 1600℃下热压复合后，发现 Ni 能够改善界面结合性能，并降低烧结温度，提高材料的致密度，而碳纳米管通过桥联等方式可以提高 TiB_2基复合陶瓷材料的断裂韧度。TiB_2－CNTs－Ni 复合陶瓷材料的相对密度为 98.5%，抗弯强度为 526.5MPa，断裂韧度为

8.58MPa · $m^{1/2}$[60]。

1.3 新型 TiB_2 基陶瓷刀具材料的研究现状

1.3.1 陶瓷刀具材料的研发现状

随着难加工材料在航空航天和工业工程领域中的大量应用，其对切削刀具提出了更高的要求，尤其是在加工诸如淬硬钢、高温合金、哈氏合金（一种含 W 的 Ni－Cr－Mo 合金）等难加工材料时，传统刀具由于热硬性较低，已无法满足高速切削这些难加工材料的要求，而陶瓷刀具以优异的热硬性，在切削这些难加工材料方面显示出强大的优势。近年来，分别以 Al_2O_3、Ti（C，N）、Si_3N_4、TiB_2 陶瓷为基体，通过多元复合的方法制备了 Al_2O_3 基陶瓷刀具材料、Ti（C，N）基陶瓷刀具材料、Si_3N_4 基陶瓷刀具材料、TiB_2 基陶瓷刀具材料。

1. Al_2O_3 基陶瓷刀具材料

Al_2O_3 基陶瓷刀具已应用在切削加工领域，近年来通过多元复合法来提高 Al_2O_3 陶瓷刀具材料的抗弯强度和断裂韧度。常将微米级或纳米级的 TiC、TiN、Ti（C，N）、（W，Ti）C、SiC、WC、ZrB_2、ZrO_2、Si_3N_4、$TiSi_2$、石墨烯等与 Al_2O_3 复合，以制备出高性能的 Al_2O_3 基陶瓷刀具材料。表 1-1 列出了近十年来所研制成功的氧化铝基陶瓷刀具材料的制备方法和力学性能。

除了研制新型 Al_2O_3 基陶瓷刀具材料揭示其增韧补强机理外，部分文献还对所研制的新型 Al_2O_3 基陶瓷刀具材料的高温力学性能、高温下的摩擦磨损性能，以及切削性能进行了研究。

表 1-1 Al_2O_3 基陶瓷刀具材料的制备方法和力学性能

陶瓷刀具材料	制备方法	抗弯强度/MPa	断裂韧度/MPa · $m^{1/2}$	维氏硬度/GPa
Al_2O_3－(W，Ti)C[61]	热压烧结	840	6.55	21
Al_2O_3－Ti(C，N)－SiC[62]	热压烧结	721	5.4	19
Al_2O_3－WC－TiC[63]	热压烧结	842	6.82	22.19
Al_2O_3－ZrB_2－ZrO_2[64]	热压烧结	760.9	6.19	23.1
Al_2O_3－TiC[65]	热压烧结	810	4.3	97.5HRC
Al_2O_3－TiC[66]	热压烧结	900	5.2	21.5
Al_2O_3－TiC[67]	热压烧结	916	8.3	18
Al_2O_3－Ti(C，N)[68]	热压烧结	820	8.1	21
Al_2O_3－TiC[69]	热压烧结	900	5.04	2400HV
Al_2O_3－TiC－TiN[70]	热压烧结	840.8	6.53	20.7
Al_2O_3－TiC[71]	微波烧结	—	5.18	21.2

（续）

陶瓷刀具材料	制备方法	抗弯强度/MPa	断裂韧度/MPa·$m^{1/2}$	维氏硬度/GPa
Al_2O_3－Ti(C, N)[72]	热压烧结	910	8.11	20.5
Al_2O_3/Ti(C, N)[73]	微波烧结	—	6.72	18.42
Al_2O_3－SiCw－SiCnp[74]	热压烧结	730	5.6	18
Al_2O_3－TiC－TiN[75]	热压烧结	881.4	7.8	20.8
Al_2O_3/TiC/GPLs[76]	微波烧结	—	8.7	18.5
Al_2O_3－TiB_2－$TiSi_2$[77]	热压烧结	711.98	4.82	16.89
Al_2O_3－Si_3N_4[78]	热压烧结	1093	6.8	19.5
Al_2O_3－TiC[79]	微波烧结	—	4.9	20.46
Al_2O_3－TiB_2－CaF_2[80]	热压烧结	700	3.3	18.65
Al_2O_3－TiC[81]	—	980	4.1	20.1
Al_2O_3－(W, Ti)C－GNPs[82]	热压烧结	608.54	7.78	24.22

Al_2O_3－SiCw－SiCnp 陶瓷刀具材料随着测试温度从700℃增大到1200℃，其抗弯强度先增大后减小，在850℃时可保有较高的抗弯强度，其值为673MPa[83]。Al_2O_3基陶瓷刀具材料在高温下不仅保有较高的力学性能，而且还具良好的摩擦磨损性能。Al_2O_3－TiC 陶瓷刀具材料在高温（200～800℃）下的摩擦因数随温度的升高而降低，磨损率随温度的升高而增加；当温度大于600℃时，TiC 发生氧化，并且在磨损接触区形成润滑氧化膜，这有利于降低摩擦因数；当温度小于400℃时，陶瓷刀具材料的磨损机理为磨粒磨损，而当温度为800℃时，氧化磨损机理占主导地位[66]。Al_2O_3基陶瓷刀具在切削难加工材料时具有良好的性能。采用Al_2O_3－Ti(C, N) 陶瓷刀具连续干切削马氏体不锈钢12Cr13，当切削速度为260m/min，切削深度为0.1mm，进给量为0.1mm/r时，Al_2O_3－Ti(C, N) 陶瓷刀具的使用寿命最长，且12Cr13具有良好的表面质量，陶瓷刀具材料的磨损机理主要为磨粒磨损和黏着磨损[72]；采用Al_2O_3－TiC－TiN 陶瓷刀具切削超高强度钢300M，当切削速度超过400m/min时，前刀面将出现月牙洼磨损，且后刀面磨损严重，陶瓷刀具材料的磨损机理为磨粒磨损和黏着磨损[75]；具有微纳纹理的Al_2O_3－TiC 陶瓷刀具与普通的Al_2O_3－TiC 陶瓷刀具相比，其在加工 AISI1045 淬硬钢的过程中，可减小振动，改变切屑的形貌，实现淬硬钢的稳定加工并可提高工件表面的加工质量[69]。

2. Ti(C, N) 基陶瓷刀具材料

Ti(C, N) 基陶瓷刀具也已应用在切削加工领域，近年来通过多元复合法以提高 Ti(C, N) 基陶瓷刀具材料的硬度为主，获取更好的切削性能和更高的刀具使用寿命。常将微米级或纳米级的 WC、MoC、TaC、Al_2O_3、Cr_2C_3、TiB_2、HfC、HfN、YAG 等与 Ti(C, N) 复合，以制备出高性能的 Ti(C, N) 基陶瓷刀具材料。

表1-2列出了近十年来所研制成功的Ti(C, N)基陶瓷刀具材料的制备方法及力学性能。

表1-2 Ti(C, N)基陶瓷刀具材料的制备方法及力学性能

陶瓷刀具材料	制备方法	抗弯强度/MPa	断裂韧度/MPa·$m^{1/2}$	维氏硬度/GPa
Ti(C, N)－WC[84]	真空烧结	1130	7.6	15.3
Ti(C, N)－WC－Mo_2C－TaC[85]	真空烧结	1930	—	92.8HRA
Ti(C, N)－Al_2O_3－Cr_2C_3[86]	热压烧结	900	9.95	17.4
Ti(C, N)－WC[87]	真空烧结	994.45	9.15	12.38
Ti(C, N)－TiB_2－WC[88]	热压烧结	795.7	6.4	19.2
Ti(C, N)－WC－TaC－HfC[89]	热压烧结	1563	6.09	19.34
Ti(C, N)－Mo_2C－WC[90]	无压烧结	1740	8.4	12.4
Ti(C, N)－WC－Mo_2C[91]	微波烧结	—	10	15.49
Ti(C, N)－TiB_2[92]	热压烧结	540	7.81	20.42
Ti(C, N)－Al_2O_3[93]	微波烧结	—	8.65	17.78
Ti(C, N)－WC－Mo_2C[94]	无压烧结	1988	14.48	12.86
Ti(C, N)[95]	真空烧结	1215	12.3	131.5HRA
Ti(C, N)－WC－Mo_2C－TaC[96]	热等静压烧结	2838	—	92.7HRA
Ti(C, N)－WC－Mo_2C[97]	微波烧结	—	8.24	17.54
Ti(C, N)－HfC－WC[98]	热压烧结	1270	9.47	21.06
Ti(C, N)－HfN[99]	热压烧结	1235	8.46	19.43
Ti(C, N)－HfC[100]	热压烧结	1346.41	8.46	22.91
Ti(C, N)－YAG[101]	热压烧结	570.36	7.27	20.48

除了研制新型Ti（C，N）基陶瓷刀具材料揭示其制备机理外，部分文献还对新型Ti（C，N）基陶瓷刀具材料的切削性能进行了研究。向Ti（C，N）－Ni中加入WC、HfC、ZrC可提高Ti（C，N）基金属陶瓷刀具的切削性能和刀具使用寿命，加入WC或ZrC有利于提高Ti（C，N）基金属陶瓷刀具的车削寿命，而加入HfC有利于提高刀具的铣削寿命[102]。在切削脆硬性材料时，Ti（C，N）基陶瓷刀具都展现出优异的切削性能。与YG8硬质合金刀具相比，在同等条件下切削铸铁时，Ti（C，N）－Al_2O_3－Cr_3C_2金属陶瓷刀具更适宜于高速切削铸铁，随着切削速度的增加，后刀面磨损量基本呈下降趋势；切削铸铁时，YG8刀具的磨损机理主要为扩散磨损、黏着磨损和氧化磨损，而Ti（C，N）－Al_2O_3－Cr_3C_2金属陶瓷刀具的磨损机理为磨粒磨损[86]。Ti（C，N）－Al_2O_3陶瓷刀具在切削速度为120m/min，切削深度为0.3mm，进给量为0.1mm/r的条件下干切削40Cr淬硬钢的寿命为64.5min，工件的表面粗糙度Ra为1.27μm，刀具的失效形式主要为微崩

刃，其磨损机理主要为磨粒磨损和黏着磨损[93]。

3. Si_3N_4基陶瓷刀具材料

Si_3N_4基陶瓷刀具在切削加工领域有一定的应用，近年来通过多元复合法来提高 Si_3N_4基陶瓷刀具的硬度和抗弯强度。常将微米级或纳米级的 TiN、（W，Ti）C、$TiC_{0.7}N_{0.3}$、Al_2O_3、TiC、SiC 等与 Si_3N_4复合，以制备出高性能的 Si_3N_4基陶瓷刀具材料。表 1-3 列出了近十年来所研制成功的 Si_3N_4基陶瓷刀具材料的制备方法及力学性能。

表 1-3　Si_3N_4基陶瓷刀具材料的制备方法及力学性能

陶瓷刀具材料	制备方法	抗弯强度/MPa	断裂韧度/MPa·$m^{1/2}$	维氏硬度/GPa
Si_3N_4 – TiN[103]	热压烧结	1018.2	8.62	14.58
Si_3N_4 – (W, Ti) C[104]	热压烧结	979	8.5	17.72
Si_3N_4 – $TiC_{0.7}N_{0.3}$[105]	热压烧结	860	8.19	16.29
Si_3N_4 – TiC – SiC[106]	热压烧结	1000	4.01	19.5
Si_3N_4 – SiC – TiC[107]	热压烧结	780	9.5	94HRA
Si_3N_4 – (W, Ti) C[108]	微波烧结	—	7.01	15.92
Si_3N_4 – TiC – Al_2O_3[109]	热压烧结	925	7.2	17

除了研制新型 Si_3N_4基陶瓷刀具材料揭示其制备机理外，部分文献还对新型 Si_3N_4基陶瓷刀具材料的高温氧化性能和力学性能、摩擦磨损性能以及切削性能进行了研究。

Si_3N_4 – Si_3N_4W – TiN 陶瓷刀具材料在 850℃下氧化时，只有少数晶间 TiN 晶粒被氧化成 TiO_2；在 1150℃时，TiN 晶粒和 Si_3N_4基体晶粒分别被氧化成 TiO_2和 SiO_2，晶内 TiN 晶粒的氧化滞后于 Si_3N_4基体晶粒和晶间 TiN 晶粒的氧化[110]。Si_3N_4 – TiC纳米复合陶瓷材料分别在 900℃、1000℃、1250℃下氧化后，其氧化增重与氧化时间呈抛物线规律，在 900℃氧化 100h 后，材料的抗弯强度无明显下降，其抗弯强度为 962MPa[111]。Si_3N_4基陶瓷刀具材料不仅具有良好的高温抗氧化性能和力学性能，还具有良好的耐磨性。Si_3N_4 – 15%（W，Ti）C 陶瓷刀具材料与轴承钢对磨，当负载为 30N，滑动速度为 100mm/s 时，对磨面间的摩擦因数最小；在此负载下，当滑动速度为 200mm/s 时，陶瓷刀具材料的磨损率最小[108]。此外，Si_3N_4基陶瓷刀具在切削脆硬性材料时也展现出良好的切削性能。Si_3N_4 – SiC 陶瓷刀具在 360.7m/min 切削速度下切削灰铸铁的性能优于商用刀具 SN300 和 KY3500，其刀具寿命是商用刀具的 3 倍[112]。Si_3N_4 – TiC 陶瓷刀具在切削淬硬钢 T10A 时，随着切削速度从 97m/min 增大到 156m/min，切削温度迅速升高到了 1000℃。与商用刀具 SNM88 相比，Si_3N_4 – TiC 陶瓷刀具展现出更好的耐磨性，Si_3N_4 – TiC 陶瓷刀具仅发生黏着磨损和磨粒磨损，而商用刀具 SNM88 除此之外，还发生了破损并有热震裂纹生成[109]。

4. TiB_2基陶瓷刀具材料

TiB_2基陶瓷材料作为一种新型的陶瓷刀具材料，在切削领域的应用较少，目前主要通过多元复合的方法来提高 TiB_2 基陶瓷刀具材料的烧结性能和力学性能，在力学性能方面以提高 TiB_2 基陶瓷刀具材料的抗弯强度和断裂韧度为主。常将微米或纳米级的 TiN、Al_2O_3、TiC、WC、（W，Ti）C、SiC、B_4C、石墨烯（GnS）等与 TiB_2复合，以制备出高性能的 TiB_2 基陶瓷刀具材料。表 1-4 列出了近十年来所研制成功的 TiB_2 基陶瓷刀具材料的制备方法及力学性能。

表 1-4　TiB_2基陶瓷刀具材料的制备方法及力学性能

陶瓷刀具材料	制备方法	抗弯强度/MPa	断裂韧度/MPa · $m^{1/2}$	维氏硬度/GPa
TiB_2 - TiN[113]	热压烧结	1240	7.43	20.47
TiB_2 - Al_2O_3[113]	热压烧结	915	7.0	21.42
TiB_2 - TiN - Al_2O_3[113]	热压烧结	1036	7.8	20.33
TiB_2 - TiC[114]	热压烧结	916.8	7.8	22.54
TiB_2 - TiC - WC[57]	热压烧结	955.71	7.5	23.5
TiB_2 - WC[58]	热压烧结	1307.0	8.19	22.71
TiB_2 - (Ti, W)C[115]	超重力场反应	610	12.5	20.8
TiB_2 - TiC - Al_2O_3[116]	热压烧结	1100	8.5	21.53
TiB_2 - SiC[41]	热压烧结	797	6.9	19.4
TiB_2 - TiC[45]	超重力场反应	258	4.6	21.4
TiB_2 - TiC - SiC[117]	热压烧结	862	6.4	22.8
TiB_2 - (W,Ti)C[52]	热压烧结	915.6	6.1	19.5
TiB_2 - B_4C[54]	热压烧结	711	4.6	22.7
TiB_2 - B_4C[118]	热压烧结	585	5.89	20.87
TiB_2 - TiC - GnS[49]	放电等离子烧结	—	7.9	20.0

除了研制新型 TiB_2 基陶瓷刀具材料揭示其制备机理外，部分文献还对新型 TiB_2基陶瓷刀具材料的高温力学性能、高温下的摩擦磨损性能，以及切削性能进行了研究。

TiB_2 - TiC - Al_2O_3 - NbC 陶瓷刀具材料在 800℃下的抗弯强度为 500MPa，可以满足切削要求，当温度大于 800℃时，由于 Ni 黏结相的软化，材料的抗弯强度急剧下降[119]；而 TiB_2 - SiC 陶瓷刀具材料在 800℃下的抗弯强度高于室温抗弯强度，当温度超过 1000℃后，材料的抗弯强度显著降低，其在 800℃、1000℃和 1200℃下的抗弯强度分别为 902MPa、713MPa 和 226MPa[41]。TiB_2基陶瓷刀具在高温下不仅具有良好的力学性能，还具有良好的摩擦磨损性能。TiB_2 -（W，Ti）C - Ag 陶瓷刀具材料与 Al_2O_3陶瓷材料在 200℃和 400℃下对磨时，Ag 固体润滑剂能有效减小摩擦因数和陶瓷刀具材料的磨损量，在700℃下，生成的TiO_2氧化膜可起到减小摩擦的作用；陶瓷刀具材料在200℃下的磨损机理主要为轻微的磨粒磨损和黏着磨损，在400℃下的磨损机理主要为黏着磨损，在700℃下的磨损机理主要为轻微磨粒磨损和氧化磨损[52]。此外，TiB_2基陶瓷刀具在切削难加工材料时也展现出优异的切削性能。与SG4陶瓷刀具相比，TiB_2-WC陶瓷刀具切削淬硬模具钢Cr12MoV时具有较优的切削性能，刀具的磨损机理为黏着磨损和磨粒磨损[120]；在相同条件下对高温合金Inconel 718切削后，TiB_2-B_4C陶瓷刀具的使用寿命是YG商用硬质合金刀具的2倍，TiB_2-B_4C陶瓷刀具材料较高的断裂韧度有利于保持切削刃的完整性和锋利程度，以及良好的抗黏着能力，其磨损机理主要为黏着磨损[118]。

1.3.2 TiB_2基陶瓷刀具材料的研究目的及内容

针对目前切削领域所用TiB_2基陶瓷刀具的种类较少，不能满足高速切削难加工材料的需求，拟研制新型TiB_2基陶瓷刀具材料。通过控制变量法研究添加相、烧结工艺对TiB_2基陶瓷刀具材料力学性能和微观组织的影响，揭示影响TiB_2基陶瓷刀具材料力学性能的主要因素，优化制备高性能新型TiB_2基陶瓷刀具材料工艺。研究新型TiB_2基陶瓷刀具材料与难加工材料间的摩擦磨损性能，揭示新型TiB_2基陶瓷刀具材料的磨损机理，分析其耐磨性，为新型TiB_2基陶瓷刀具材料切削性能的研究奠定基础。在此过程中，系统地阐述TiB_2基陶瓷刀具材料的设计方法、制备工艺、加工工艺和性能的表征方法，基于此设计新型TiB_2基陶瓷刀具材料，并初步制订制备工艺和加工工艺，以力学性能为评价指标逐步优化新型TiB_2基陶瓷刀具的组分配比及烧结工艺，制备出具有优异力学性能的新型TiB_2基陶瓷刀具材料，并研究其摩擦磨损性能，预知其耐磨性。这对丰富TiB_2基陶瓷刀具的种类、可靠高效地制备TiB_2基陶瓷刀具、降低加工成本具有重要的意义。

第2章

新型TiB_2基陶瓷刀具材料的设计

2.1 TiB_2基陶瓷刀具材料的设计原则

在切削难加工材料的过程中，TiB_2基陶瓷刀具与其他刀具一样，切削刃处承受着很大的切削力、冲击力和摩擦力，尤其是在高速干切削条件下，由于摩擦力的作用，切削区的温度将很高。因此，新型 TiB_2 基陶瓷刀具材料应具备高硬度、足够的强度和断裂韧度、高耐磨性和耐热性、良好的导热性、良好的工艺性和经济性。TiB_2基陶瓷刀具材料本身具有很高的硬度、高的耐磨性和耐热性，以及其较高的热导率可保证刀具具有良好的导热性，其良好的导电性可保证其易加工成型，但其抗弯强度和断裂韧度较低。因此，在设计新型 TiB_2 基陶瓷刀具材料的组分时应遵循以下原则[113,121]：

1）向 TiB_2 中加入添加相后应有利于材料抗弯强度和断裂韧度的提高，且对材料的硬度不会产生不利影响。

2）添加的金属相应与 TiB_2 和增强相间具有良好的润湿性。

3）添加相和基体相间应具有良好的物理化学相容性。

4）复合粉体应易于制备，且应具有良好的经济性。

2.1.1 金属相的选择原则

为了实现 TiB_2 基陶瓷材料的致密化，且能在低温下进行烧结，常将金属与TiB_2和增强相进行复合，实现 TiB_2 基陶瓷材料的液相烧结。为了保证液相烧结的顺利进行，在选择适宜的金属相时，需分析金属相与 TiB_2 和增强相间的润湿性、金属相与 TiB_2 的共晶点、金属相与 TiB_2 和增强相间的物理相容性，以及获得高性能TiB_2基陶瓷刀具材料所需添加的金属相含量。

1. 金属与 TiB_2 和增强相间的润湿性

润湿性是指液相在表面分子力的作用下在固相表面的流散能力，常用润湿角来衡量液固两相间的润湿性。图 2-1 所示为由固、气、液三相组成的系统。

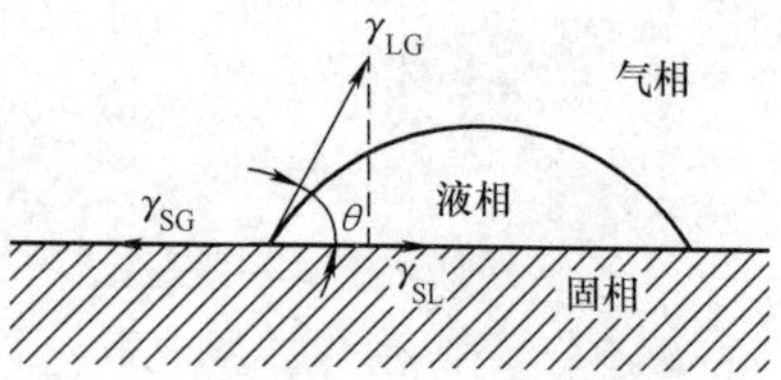

图 2-1　由固、气、液三相组成的系统

当液相在固相表面达到平衡时，有以下关系：

$$\gamma_{SG} = \gamma_{SL} + \gamma_{LG}\cos\theta \tag{2-1}$$

式中　γ_{SG}——固气两相间的表面张力（N/m）；

γ_{SL}——固液两相间的表面张力（N/m）；

γ_{LG}——液气两相间的表面张力（N/m）；

θ——切线与液－固界面间的夹角，即润湿角（°）。

当 $\theta=0°$时，液相完全润湿固相；当 $\theta<90°$时，液相部分润湿固相；$\theta=90°$是液相是否润湿固相的临界点；当 $\theta>90°$时，液相将不润湿固相。

$\theta<90°$是实现 TiB_2 基陶瓷材料液相烧结的润湿条件，也是实现 TiB_2 基陶瓷材料致密化的重要条件。这是因为只有当液相完全润湿或部分润湿 TiB_2 和增强相时，液相才能渗入颗粒间使材料致密化。

2. 金属－TiB_2 的共晶点

在 TiB_2 基陶瓷材料的液相烧结过程中，为了控制液相烧结的最低温度，需要分析金属与 TiB_2 间的共晶点，其共晶点可通过金属和难熔化合物熔点间的关系式进行预测。金属和难熔化合物熔点间的关系式[16]如下：

$$\frac{T_e}{T_M} = 1.11 - 0.4\frac{T_M}{T_H} \tag{2-2}$$

式中　T_e——金属与难熔化合物间的共晶点（℃）；

T_M——金属的熔点（℃）；

T_H——难熔化合物的熔点（℃）。

3. 金属与 TiB_2 和增强相间的物理相容性

在 TiB_2 基陶瓷刀具材料烧结的冷却阶段，陶瓷 TiB_2 晶粒和增强相晶粒以及包裹在其周围的金属相都会发生收缩。当金属相收缩量大于陶瓷相和增强相时，金属相将会对陶瓷相和增强相产生压应力。如果压应力大于陶瓷相或增强相所能承受的最大许用应力时，材料内部将会出现微裂纹，这将不利于 TiB_2 基陶瓷刀具材料性能的提高。文献［121］建立了金属相全包覆硬质相时线胀系数、晶粒尺寸、温度与材料许用体积应力间的关系式：

$$3k\alpha_{Me}^3 - \alpha_c^3 \leqslant \frac{[p_c]}{K_c a^3 \Delta T^3} \tag{2-3}$$

式中 k——金属相的厚度与晶粒尺寸的比值；

α_c——硬质相的线胀系数（10^{-6}/K）；

α_{Me}——金属相的线胀系数（10^{-6}/K）；

$[p_c]$——硬质相的许用体积应力；

K_c——硬质相的体积模量（MPa）；

a——硬质相晶粒的尺寸（m）；

ΔT——温度差（K）。

由式（2-3）可知，当硬质相的许用体积应力一定时，即硬质相不被破坏时，硬质相晶粒尺寸 a 越小，金属相和硬质相间的线胀系数差异就可以越大；同样，当硬质相不被破坏时，采用缓慢冷却方式进行冷却时，金属相和硬质相间的线胀系数差异也可越大。

4. 金属的含量

Cu、Ni、Ni、Fe 等金属都可以降低 TiB_2 基陶瓷材料的烧结温度和提高材料的致密度，但其含量的多少影响着 TiB_2 基陶瓷材料的微观组织和力学性能。当 Cu 的质量分数由 0 增加到 70% 时，TiB_2-Cu 陶瓷材料的抗弯强度和硬度先增大后减小；当 Cu 的质量分数超过 20% 时，材料的硬度逐渐下降；当 Cu 的质量分数大于 40% 时，材料的抗弯强度将减小[122]。当 Ni 的质量分数由 4% 增大到 12% 时，TiB_2 基陶瓷刀具材料的力学性能先增大后减小，当 Ni 的质量分数为 8% 时，TiB_2 基陶瓷刀具材料的力学性能最好，其微观组织中的微孔洞和粗大晶粒等缺陷也最少[123]。当 Ni 与 Fe 的体积比为 0 时，TiB_2-B_4C 复合陶瓷刀具材料呈疏松多孔状；随着 Ni 与 Fe 的体积比增大，材料中的气孔逐渐减少；当 Ni 与 Fe 的体积比为 1∶20 时，TiB_2-B_4C 复合陶瓷刀具材料可获得较好的力学性能[54]。对于 TiB_2 基陶瓷刀具材料来说，金属相含量的多少关系到刀具最终切削性能的好坏。为了控制 TiB_2 基陶瓷刀具材料中的金属含量，保证 TiB_2 获得良好的力学性能和微观组织，文献［121］建立了金属相全包覆硬质相晶粒模型，获得了实现金属相全包覆陶瓷晶粒或增强相晶粒时，不同大小晶粒和金属相厚度所对应金属相的体积分数范围；同时考虑到金属相过多或过少都不利于陶瓷刀具材料力学性能的提高，以致影响陶瓷刀具的切削性能，最终确定了 TiB_2 基陶瓷刀具材料中金属相的体积分数一般为 3.5% ~13%。

2.1.2 增强相的选择原则

1. 增强相与 TiB_2 的物理相容性

在多相陶瓷刀具材料的设计中，添加相与基体相间的物理匹配性影响着材料的力学性能，其中它们之间的线胀系数差异对材料性能的影响最大。TiB_2 基陶瓷材料作为一种新型的陶瓷刀具材料，其也不例外，在设计中也应考虑基体相 TiB_2 与增强相间的物理相容性。文献［124］建立了球形颗粒在无限大基体中的残余应力场模型，得出了线胀系数、温度差与应力间的关系：

$$\sigma_r = \frac{(\alpha_p - \alpha_m)\Delta T}{\dfrac{1+\nu_m}{2E_m} + \dfrac{1-2\nu_p}{E_p}}\left(\frac{r_2}{R}\right)^3 \tag{2-4}$$

$$\sigma_\tau = -\frac{1}{2} \times \frac{(\alpha_p - \alpha_m)\Delta T}{\dfrac{1+\nu_m}{2E_m} + \dfrac{1-2\nu_p}{E_p}}\left(\frac{r_2}{R}\right)^3 \tag{2-5}$$

式中 ν_m——基体的泊松比；

ν_p——增强相的泊松比；

σ_r——径向正应力（MPa）；

σ_τ——切向正应力（MPa）；

R——基体中的点到颗粒中心的距离（mm）；

r_2——增强相颗粒的半径（mm）；

α_m——基体的线胀系数（10^{-6}/K）；

α_p——增强相的线胀系数（10^{-6}/K）；

E_m——基体的弹性模量（MPa）；

E_p——增强相的弹性模量（MPa）；

ΔT——温度差（K）。

由式（2-4）和式（2-5）可知，当增强相的线胀系数大于基体相的线胀系数时，增强相处于拉应力状态，而基体径向受拉应力，切向受压应力，增强相和基体相间的界面结合力将被削弱，在残余应力的作用下，材料内部易形成微裂纹，这不利于提高材料的强韧性；当增强相的线胀系数小于基体相的线胀系数时，增强相处于压应力状态，而基体径向受压应力，切向受拉应力，材料内部同样会形成微裂纹，这将影响材料的承载能力，也不利于提高材料的强韧性；在冷却阶段，当冷却速度较快时，温度变化大即温度差较大，增强相与基体相间将产生较大的残余应力，易导致材料内部形成微裂纹等缺陷，同样不利于提高材料的强韧性。因此，当增强相与基体相的线胀系数差异较小且冷却速度较慢时，增强相可起到较好的提高材料强韧性的作用。

2. 增强相的含量

对于陶瓷刀具材料来说，增强相的含量起着关键的作用，其含量的多少影响着陶瓷刀具材料的微观组织和力学性能。Al_2O_3、WC、SiC 等作为增强相都可以提高 TiB_2 陶瓷材料的力学性能。当 Al_2O_3 的体积分数从 0 增大到 40% 时，$TiB_2-Al_2O_3$ 陶瓷刀具材料的相对密度不断增大，抗弯强度先增大后减小，维氏硬度不断减小，断裂韧度不断增大；当 Al_2O_3 的体积分数为 30% 时，$TiB_2-Al_2O_3$ 陶瓷刀具材料具有良好的综合力学性能[10]。当 WC 的质量分数由 10% 增加到 25% 时，TiB_2-TiC-WC 陶瓷刀具材料的抗弯强度、维氏硬度和断裂韧度先升高后降低；当 WC 的质量分数为 20% 时，陶瓷刀具材料具有良好的综合力学性能；而当 WC 的质量分数小于或大于 20% 时，陶瓷刀具材料中存在的微裂纹、粗大晶粒等缺陷较多[57]。当 SiC 的质量分数由 10% 增大到 20% 时，TiB_2 – SiC 陶瓷刀具材料的抗弯强度先降低后增大，维氏硬度不断降低，而断裂韧度不断增大，TiB_2晶粒逐渐变小；当 SiC 的质量分数为 10% 时，TiB_2晶粒比较粗大；当 SiC 的质量分数为 15% 时，TiB_2 – SiC 材料具有良好的综合力学性能[41]。这些研究结果表明：当增强相的含量过少时，其作用有可能减弱；当增强相的含量过多时，增强相可能引起裂纹、团聚、微孔洞等缺陷，起不到增韧补强的作用；增强相在陶瓷刀具材料中的含量应小于基体相的含量，其质量分数一般小于 50%。如果考虑添加金属相时，增强相含量的上限取值会更小。对于 TiB_2基陶瓷刀具材料来说，为了不削弱基体相的性能，同时又充分发挥金属相和增强相的作用，一般来说，增强相的质量分数为 10% ~40%。

2.1.3　添加相与基体相间的化学相容性

在烧结陶瓷刀具材料的过程中，材料各组分之间是否发生反应，反应的程度如何，以及反应后生成何种产物，这些对烧结后陶瓷刀具材料的微观组织和力学性能都具有重要的影响。在烧结陶瓷刀具材料的过程中，添加相与基体相间的轻微化学反应有利于改善相间的结合界面，强化界面结合力，提高材料的强韧性；剧烈的反应会恶化相间的结合界面，削弱界面结合力，不利于陶瓷刀具材料强韧性的提高[16,125]。

在 TiB_2基陶瓷材料的制备过程中，常有固溶体和其他化合物的生成，由于其性能不同，对复合材料产生的影响也不同。固溶体 $Ti_xZr_yB_2$ 能够有效降低 TiB_2 – ZrB_2 – SiCw 复合陶瓷材料烧结过程中晶界的迁移速度，起到细化晶粒、优化材料力学性能的作用[38]，而固溶体 B_4MoTi 不利于 TiB_2 – TiC 陶瓷刀具材料抗弯强度的提高[126]。化合物 W_2CoB_2和 Co_2B 会导致 Co 的过度消耗，使 TiB_2 – WC – Co 陶瓷材料内部形成孔洞；化合物 Ti_5Si_3、Mo_5Si_3会削弱 TiB_2 – $MoSi_2$陶瓷材料晶界间的结合强度。这些都不利于 TiB_2基陶瓷刀具材料力学性能的提高[3,58]。而化合物 BN 和 TiN 可以抑制 TiB_2 – Si_3N_4陶瓷材料中 TiB_2晶粒生长[14]，高温下 SiO_2液相可填充晶粒间的孔隙，提高材料的致密度[35]。因此，有必要对陶瓷刀具材料各组分间的化学反应进行分析，提前预知各相间化学反应的状况，以提高新型陶瓷刀具材料研制的成功率和减少资源的浪费。这就需要借助热力学原理研究不同烧结温度范围内，添加相与基体相间可能存在的化学反应。

依据热力学原理，在等温等压封闭体系中，当吉布斯自由能改变量 $\Delta G>0$ 时，各相间的反应不能进行；当 $\Delta G=0$ 时，各相间的反应以可逆方式进行；当 $\Delta G<0$ 时，各向相间的反应以不可逆方式自发进行。为了便于计算不同温度下，陶瓷刀具材料各相间是否发生反应，文献［127］给出了烧结温度与吉布斯自由能改变量间

的关系：

$$\Delta G_T^{\Theta} = -\Delta A_1 T\ln T - \frac{1}{2}\Delta A_2 \times 10^{-3} T^2 - \frac{1}{2}\Delta A_3 \times 10^5 T^{-1} - \frac{1}{6}\Delta A_4 \times 10^{-6} T^3 - \frac{1}{6}\Delta A_5 \times 10^8 T^{-2} + A_6' T + A_6 \quad (2\text{-}6)$$

式中 ΔG_T^{Θ}——不同温度下吉布斯自由能改变量（kJ/mol）；

T——热力学温度（K）；

$A_1 \sim A_6$——物质的热容温度系数；

A_6'——吉布斯方程的积分常数。

依据相关热力学手册[127,128]可查得 A_i 参数的值，由式（2-6）可以获得任一化学反应在298K至温度 T 的 ΔG_T^{Θ} 值。结合上述判据，可判断陶瓷刀具材料各相在298K至温度 T 范围内是否发生反应。

2.2 新型TiB_2基陶瓷刀具材料的设计方案

1. 金属相及含量

目前常向TiB_2陶瓷中添加的金属相有Ni、Mo、Co等[113,121]。在高温真空条件下，这些金属相与TiB_2间的润湿角较小[16]，小的润湿角有利于减少材料中微孔洞的形成，提高材料的致密度和力学性能。依据式（2-2）金属与TiB_2共晶点的计算式，分别代入Ni（1455℃）、Mo（2610℃）、Co（1493℃）与TiB_2（2980℃）的熔点，可估算出Ni、Mo、Co与TiB_2的共晶点分别为1330℃、1980℃和1360℃，由此可见，共晶点远低于TiB_2的熔点。当烧结温度高于共晶点时，就可实现TiB_2基陶瓷材料的烧结，因此添加Ni、Mo、Co可降低TiB_2基陶瓷材料的烧结温度。基于前期所建立的金属相全包覆硬质相模型所得的结论和Ni、Mo、Co及其含量对TiB_2基陶瓷刀具材料性能影响的试验研究结果，我们发现当金属的质量分数为8%时，TiB_2基陶瓷刀具材料可获得较好的微观组织和力学性能[121]。基于此，拟选定（Ni，Mo）、Ni、Co、（Ni，Co）作为新型TiB_2陶瓷刀具材料的金属相，并将其质量分数控制在8%。

2. 增强相及含量

为了提高TiB_2基陶瓷刀具的抗弯强度和断裂韧度，目前常添加的增强相有Al_2O_3、TiN、AlN、TiC、WC、SiC、B_4C等。除此之外，铪类化合物HfN、HfC、HfB_2具有高熔点，高硬度，良好的导电性、耐磨性和耐蚀性等，它们都属于高温结构陶瓷材料，将与其他陶瓷材料复合，可以改善陶瓷材料的微观组织和提高陶瓷材料的力学性能，是增韧补强陶瓷材料的候选增强相[129-131]，故拟选用HfN、HfC、HfB_2作为TiB_2陶瓷的增强相。增强相在陶瓷刀具材料中的质量分数一般为

10%～40%，依此初步拟定增强相HfN、HfC、HfB_2在TiB_2基陶瓷刀具材料中的质量分数为10%～30%。

3. 物理相容性

表2-1列出了新型TiB_2基陶瓷刀具原材料的物理参数。由表2-1可知，金属相（Ni、Mo、Co）与基体相（TiB_2）、增强相（HfN、HfC和HfB_2）的线胀系数存在一定的差异；同时，增强相与基体相的线胀系数也存在一定的差异。因此，在烧结过程中可能形成较大的残余应力，不利于TiB_2基陶瓷材料性能的提高。为了避免这种不利影响的产生，依据式（2-3）～式（2-5）所得的结论，采用以下两种方式最大限度地满足金属相与硬质相的物理相容性：一是选用微米级的TiB_2、HfN、HfC和HfB_2作为硬质相，微米级的Ni、Mo、Co作为金属相；二是为了减少快速冷却过程中金属相与硬质相间形成的较大残余应力，在冷却阶段采用随炉缓慢冷却的方式对所烧结试样进行冷却。

表2-1　新型TiB_2基陶瓷刀具原材料的物理参数[16,121,132]

材料	Ni	Mo	Co	TiB_2	HfN	HfC	HfB_2
密度ρ/(g/cm^3)	8.9	10.2	8.9	4.52	12.7	13.2	10.5
熔点T/℃	1455	2610	1493	2980	3310	3890	3250
维氏硬度/GPa	28HRC	5.5HM	5HM	32	16.3	26.1	29
弹性模量E/GPa	220	320	211	560	576	470	509
泊松比ν	0.291	0.3	0.32	0.28	0.15	0.22	0.12
热导率λ/[W/(m·K)]	90	147	69	24	13.5	20	104
线胀系数α/(10^{-6}/K)	13.2	6.6	13.5	8.1	5.7	6.6	6.3

依据上述的分析，初步拟定三种新型TiB_2基陶瓷刀具材料：TiB_2－HfN、TiB_2－HfC和TiB_2－HfB_2，以（Ni，Mo）、Ni、Co、（Ni，Co）作为新型TiB_2基陶瓷刀具材料的金属相。

4. 化学相容性

依据式（2-6）及物质间发生化学反应的判据，可确定TiB_2－HfC、TiB_2－HfN和TiB_2－HfB_2陶瓷刀具材料组分间潜在的化学反应以及反应的温度范围。表2-2列出了新型TiB_2基陶瓷刀具组分间潜在的化学反应，但实际能否发生反应，还需要依据烧结后材料的X射线衍射（XRD）物相分析来进行判定。由表2-2可知，Ni和Mo在烧结温度高于1500℃时不发生反应，结合基体相TiB_2与金属相的共晶点，以保证烧结过程中有足够的金属液相形成，初步拟定在1500～1650℃的范围内制备三种新型TiB_2基陶瓷刀具材料。

表 2-2　新型 TiB_2基陶瓷刀具组分间潜在的化学反应

潜在的化学反应	反应的温度范围/℃
$Mo + 4Ni = MoNi_4$	25 ~ 1500
$TiB_2 + 9Ni = Ni_3Ti + 2Ni_3B$	25 ~ 2000
$TiB_2 + Mo = TiB + MoB$	25 ~ 2000
$TiB_2 + 2Co = TiB + Co_2B$	25 ~ 1800
$TiB_2 + HfC = TiC + HfB_2$	25 ~ 2000
$TiB_2 + HfN = TiN + HfB_2$	25 ~ 2000

2.3　小结

本章依据 TiB_2陶瓷刀具材料的设计原则，设计了新型 TiB_2基陶瓷刀具材料，确定了其组分及含量、烧结温度等。

1）以改善 TiB_2陶瓷的烧结性能和提高其力学性能为目标，给出了 TiB_2基陶瓷刀具材料设计时应遵循的原则。

2）确定了三种新型 TiB_2基陶瓷刀具材料的金属相为（Ni，Mo）、Ni、Co、（Ni，Co），其质量分数控制在 8%；增强相为 HfN、HfC 和 HfB_2，其质量分数控制在 10% ~30%。依据金属相与 TiB_2的润湿性和共晶点，结合金属相与硬质相间的化学相容性，初步确定烧结温度范围为 1500 ~ 1650℃。

3）依据金属相全包覆硬质相、金属相与硬质相间的物理相容性以及增强相与基体相间的物理相容性，确定了金属相和硬质相的粒度尽可能的小和烧结试样在冷却过程中采用随炉冷却的方式。

第3章

新型TiB_2基陶瓷刀具材料的制备

3.1 TiB_2 基陶瓷材料的制备工艺

3.1.1 TiB_2 基陶瓷材料混合粉末的制备技术

为了保证最终 TiB_2 基陶瓷材料微观组织分布的均匀性，以及获得优良的材料性能，在混料阶段必须采用一定的混合技术，以保证单个粉体不团聚、混合粉体在所组成的空间内均匀分布。目前，基于预制 TiB_2 基陶瓷材料原始组分的物理形态，可将其混合技术分为颗粒粉体混合技术和颗粒粉体-晶须混合技术。颗粒粉体混合技术主要实现颗粒组分的均匀混合，而颗粒粉体-晶须混合技术主要实现颗粒组分和晶须的均匀混合。

1. 颗粒粉体混合技术

首先将具有一定球料比的单个粉体和球的混合物放入含有液体介质的球磨罐中，将其封装后在球磨机上进行球磨；球磨后，将球磨罐内的混合物倒入干净的方盘内并置入真空干燥箱内干燥，直到真空干燥箱和方盘内的液体介质排除干净后进行冷却；待冷却至常温后，取出方盘内的混合物，将其置于相应的目筛内过筛，得到破团聚的单个粉体。在对单个粉体破团聚后，依照预制 TiB_2 基陶瓷材料的组分比，分别称量各种粉体，将这些粉体和具有一定球料比的球放入同一球磨罐中，按前述对单个粉体的处理步骤完成对混合粉体的球磨、干燥、过筛，以得到均匀的混合粉体[126,133]。

2. 颗粒粉体-晶须混合技术

在对于含有晶须类的粉体进行混合时，常有两种混合方法：一是将破团聚后的各种粉体与超声分散后的晶须混合后进行球磨、干燥、过筛，以得到均匀的混合粉体[49,134]；二是先将破团聚后的各种粉体混合物在液体介质中磁力搅拌一定的时间后，加入超声分散后的晶须继续搅拌一定时间后，将混合物进行干燥、过筛，以得到均匀的混合粉体[48]。

3.1.2 TiB_2 基陶瓷材料的烧制技术

基于不同的应用，在获取具有不同性能的 TiB_2 基陶瓷材料时，常采用不同的制备技术。常用的制备技术有自蔓延高温合成技术、热等静压烧结技术、放电等离子烧结技术、超重力场反应熔铸技术、热压烧结技术等。

1. 自蔓延高温合成技术

自蔓延高温合成技术，也称燃烧合成技术，是将可形成高温的放热反应物引燃，利用其高温作用使反应朝未反应区传播，直至反应完成并生成预制复合材料的一种材料复合技术。自蔓延高温合成技术具有反应温度高、反应快、节能和成本低廉的优点[135]，但由于反应迅速，合成过程中温度梯度大，且高温合成过程难以控制，在复合材料中易生成中间产物和形成非平衡结构等；同时，难以获得致密度非常高的复合材料[136,137]。为了克服自蔓延高温合成技术的缺陷，提高 TiB_2 基复合陶瓷材料的性能，常将其与热压烧结技术、热等静压烧结技术等相结合制备 TiB_2 基复合陶瓷材料[138,139]。

2. 热等静压烧结技术

热等静压烧结技术是将高温和各向均衡的高压共同作用于混合粉体，实现混合粉体的烧结，以制备复合材料的一种烧结技术。热等静压烧结技术可降低烧结温度，提高复合材料的致密度，也可制备出形状复杂的制品，但其设备费用和运转费用都较高[140,141]。

3. 放电等离子烧结技术

放电等离子烧结技术是将高能脉冲电流通入混合粉体，在颗粒放电、导电加热和外加压力的综合作用下对混合粉体进行烧结，实现复合材料制备的一种粉末冶金烧结技术。放电等离子烧结技术具有烧结温度低、速度快等特点，可获得致密化程度高、微观组织细小、均匀的制品；但其制品尺寸较小，对模具的承载能力要求高，模具费用较高[142,143]。近年来，采用放电等离子烧结技术制备的 TiB_2 基陶瓷材料有 TiB_2-NbC、TiB_2-TaC、$TiB_2-SiC-CNTs$ 等，这些复合陶瓷材料都展现出良好的力学性能[8,13,48]。

4. 超重力场反应熔铸技术

超重力场反应熔铸技术是将可发生自蔓延反应的混合粉体置于超重力场内并引燃，利用超重力条件下多相流体系的独特流动行为，实现混合粉体的高效传质、传热以及反应，最终制备出复合材料的一种粉末冶金技术。超重力场反应熔铸技术具有反应快、制备成本低等特点，但其反应温度难以直接检测，凝固过程难以控制[144,145]。近年来，采用此技术制备的 TiB_2 基陶瓷材料有（Ti，W）$C-TiB_2$、

TiB_2-TiC 等，这些复合陶瓷材料都展现出良好的力学性能[45,115,146]。

5. 热压烧结技术

热压烧结技术是同时利用加热和轴向加压技术对模具内混合粉体进行烧结，实现制备复合材料的一种粉末冶金技术。热压烧结技术可降低烧结温度，实现材料的致密化，抑制晶粒的生长，同时烧结温度、烧结时间和烧结压力易于控制，可制备出具有良好力学性能和电性能的复合制品[140,147]。近年来，采用热压烧结技术制备的 TiB_2 基陶瓷材料有 $TiB_2-TiC-SiC$、$TiB_2-(W, Ti)C$、TiB_2-B_4C 等[52,54,117]。

在这些烧结技术中，由于采用热压烧结技术可实现烧结温度、烧结压力、保温时间的可调可控，容易实现陶瓷材料的致密化，且其成本相对较低，所以该技术常被用来制备 TiB_2 基陶瓷刀具材料。

3.2　新型 TiB_2 基陶瓷刀具材料制备工艺的制订

1. 试验原料

依据金属相与硬质相间的物理相容性应满足硬质相颗粒足够小的条件，选用平均粒度为 1μm 的 TiB_2 作为基体相，纯度为 99.9%；HfC、HfN 和 HfB_2 各自的平均粒度为 0.8μm，纯度为 99.9%；金属相 Ni、Mo、Co 各自的平均粒度为 1μm，纯度为 99.8%。其中基体相 TiB_2 粉体购于上海巷田纳米材料有限公司，金属相 Ni、Mo、Co 粉体购于上海允复纳米科技有限公司，增强相 HfC、HfN 和 HfB_2 购于上海超威纳米科技有限公司。

2. 陶瓷刀具材料混合粉体的制备工艺

图 3-1 所示为陶瓷刀具材料混合粉体的制备工艺路线。为了提高原始粉体颗粒的分布均匀性，减少原始粉体颗粒团聚现象的发生，在陶瓷刀具材料粉体混合之前，先将各种原始粉体分别与无水乙醇和硬质合金球按一定的配比放入球磨罐中进行单独球磨 72h。将球磨后的混合液在真空干燥箱中进行干燥，干燥温度为 70～100℃。干燥后对原始粉体过 100 目筛，然后按照陶瓷刀具材料的组分比，用 JM 数显电子天平（精度 0.001g）分别称量原始粉体放入球磨罐中，再在球磨罐中放入一定配比的无水乙醇和硬质合金球磨 48h。将球磨后的混合液在真空干燥箱中进行干燥，干燥温度为 70～100℃；干燥后对陶瓷刀具材料的混合粉体过 100 目筛，将

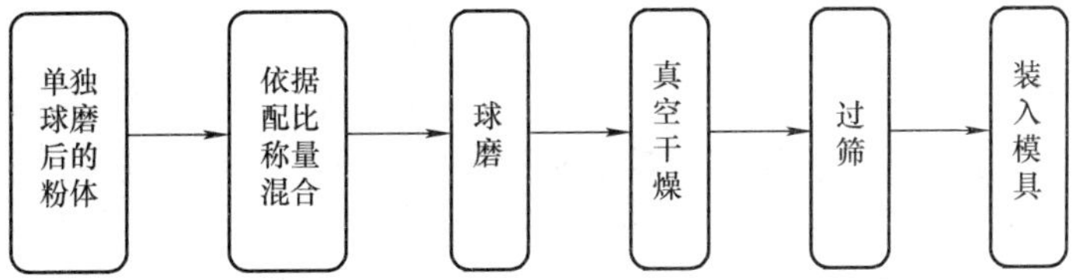

图 3-1　陶瓷刀具材料混合粉体的制备工艺路线

过完筛的混合粉体装入 $\phi45mm \times 110mm$ 的石墨模具中以备热压烧结，其中混合粉体的高度为4mm。

3. 陶瓷刀具材料混合粉体的烧结工艺

真空热压烧结可使材料获得高的致密度，同时烧结温度、保温时间和烧结压力易于控制。因此，采用真空热压烧结法制备新型 TiB_2 基陶瓷刀具材料，所用真空烧结炉的型号为 ZT-40-20。在陶瓷刀具材料的烧结过程中，选择适宜的烧结温度、保温时间和烧结压力是保证制备高性能陶瓷刀具材料的重要烧结工艺参数。

（1）烧结温度

考虑金属相（Ni，Mo）、Ni、Co、（Ni，Co）和基体相 TiB_2 的最低共晶点为1330℃和1360℃，各相间的化学相容性，以及烧结温度越高，材料的晶粒越粗大，材料的力学性能越低等方面，拟定烧结温度的范围为1500~1650℃。

（2）保温时间

在陶瓷刀具材料的烧结过程中，当保温时间过短时，由于烧结温度场分布的不均匀性将导致晶粒分布不均匀和材料难以完全致密化；而当保温时间过长时，各相间将发生充分的反应，在相边界形成的化合物可能恶化晶界，削弱晶界间的结合力，同时在晶界上形成微孔洞、微裂纹等缺陷，降低材料的致密度。只有当保温时间适宜时，才可保证固相与固相的扩散、固相在液相中的溶解析出结晶过程，减少相间反应物的生成，提高晶界的结合力和材料的致密度。文献［121］给出了保温时间 t 和烧结坯体高度 h 间的关系：

$$t = \frac{h}{\dfrac{\left(\rho_L - \dfrac{pM}{RT}\right)gr^2}{4.5\mu}\left(1 - e^{-\frac{4.5\mu RTt}{pMr^2}}\right)} \tag{3-1}$$

式中 ρ_L——金属液相的密度（kg/m^3）；

p——外加压力（Pa）；

M——物质的摩尔质量（g/mol）；

R——摩尔气体常数［J/(mol·K)］；

T——烧结温度（K）；

r——气孔的半径（m）；

μ——金属液相的动力黏度（Pa·s）。

由式（3-1）可知，坯体高度一定时，保温时间越长，材料中残留的气孔越少，且孔径也越小。同时，在给定 h、ρ_L、P、M、R、T、μ 的具体值后，可利用式（3-1）估算气孔大小与保温时间的关系。经估算，TiB_2 基陶瓷刀具材料在1500~1650℃范围内，烧结压力为30~45MPa、坯体高度为4mm时，保温时间分别为15min、30min、45min和60min时，材料中残留气孔的半径分别小于0.75μm、0.51μm、0.43μm和0.32μm。虽然随着保温时间的延长有利于气孔的逸出，提高材料的致密度，但较长的保温时间容易导致粗大晶粒的形成，降低材料的力学性能。因此，拟定保温时间的范围为 15 ~ 60min。

（3）烧结压力

在陶瓷刀具材料的热压烧结过程中，烧结压力对材料的致密化也有一定的影响。文献［121］给出了烧结压力、保温时间等参数与材料相对密度间的关系：

$$d = \frac{V_C + V_M}{b^3 + 3\lambda b^2 + \dfrac{6\pi\mu h}{\left(\rho_L - \dfrac{pM}{RT}\right)gt}\sqrt{\dfrac{4.5\mu h}{\left(\rho_L - \dfrac{pM}{RT}\right)gt}}} \tag{3-2}$$

式中　d——陶瓷刀具材料的相对密度；

V_C——单个晶粒的理论体积（m^3）；

V_M——理想条件下分布在单个晶粒周围的金属相体积（m^3）；

b——生成晶粒的尺寸（m）；

λ——金属液相的厚度（m）；

μ——金属液相的动力黏度（Pa · s）；

h——最终烧结试样的高度（m）；

ρ_L——金属液相的密度（kg/m^3）；

p——外加压力（Pa）；

M——物质的摩尔质量（g/mol）；

T——烧结温度（K）；

t——烧结时间（min）；

R——摩尔气体常数［J/(mol · K)］。

由式（3-2）可知，给定除烧结压力、保温时间和相对密度外的其他参数值，可以模拟出烧结压力、保温时间与相对密度间的关系图，依据该关系图可以判断烧结压力和保温时间对相对密度的影响趋势。图 3-2 所示为给定 $b = 3.5\mu m$，$\lambda = b/20$，$\mu = 0.0025Pa \cdot s$，$h = 4mm$，$\rho_L = 8900kg/m^3$，$T = 1923K$ 后，烧结压力、保温时间与相对密度间的关系。由图 3-2 可见，在保温阶段，当烧结压力小于 10MPa

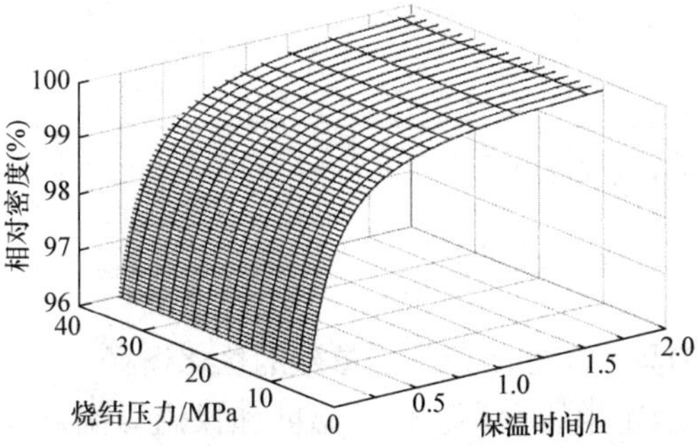

图 3-2　烧结压力、保温时间与相对密度间的关系

时，烧结压力对材料的相对密度没影响；而当烧结压力等于或大于10MPa时，才会对材料起到致密化的作用。同时，对比同一保温时间下，不同烧结压力下材料的相对密度曲线可知，随着烧结压力的增大，材料的相对密度变化很小。这表明在保温阶段当烧结压力等于或大于10MPa时，在足够的保温时间下，材料就可以实现致密化。但考虑到TiB_2难以烧结致密，烧结过程中可能有其他副产物生成，影响材料的致密化，拟定烧结压力为30MPa，以较大的烧结压力促进材料的致密化。

由图3-2还可知，在同一烧结压力下，当保温时间为0.5h时，材料的相对密度接近99%，之后随着保温时间的延长，相对密度的增长逐渐趋于平缓。同时，依据剩余气孔的大小所得保温时间范围，在此确定保温时间的范围为15~60min。

依据烧结温度、保温时间和烧结压力可制订新型陶瓷刀具材料的烧结工艺。图3-3所示为制备陶瓷刀具材料的烧结时间－烧结温度曲线。依据各相间的物理化学相容性要求，为了减少升温期间各相间反应物的生成，在升温阶段采用快速升温法，升温速度为30~50℃/min；达到烧结温度后进行保温，保温时间为t_2-t_1；保温结束后，停止加热，将材料随炉缓慢冷却，以避免材料内部较大残余应力的形成。

图3-4所示为制备陶瓷刀具材料的烧结时间－烧结压力曲线。由于TiB_2陶瓷难以烧结致密，在烧结开始时对烧结粉体进行预压，预压压力为10MPa；当烧结材料达到共晶点时，继续施加压力；当达到烧结温度时，压力升至30MPa并保压，保压时间与保温时间相同；保温结束后，去除压力，将压力降至零，避免材料在缓慢冷却过程中因压力而产生破损。通过上述烧结工艺可提高TiB_2陶瓷刀具材料的致密度。

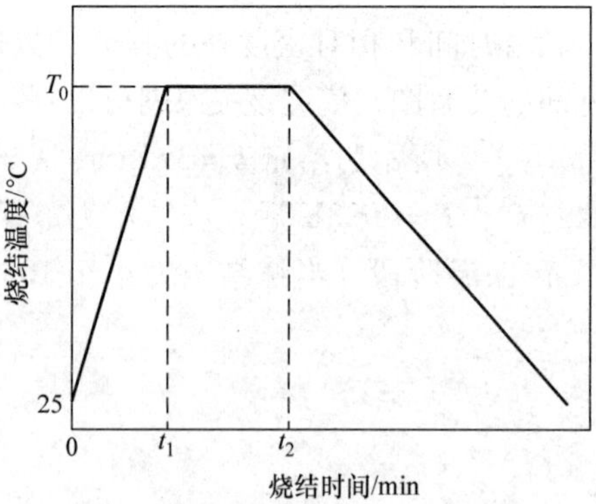

图3-3　烧结时间－烧结温度曲线

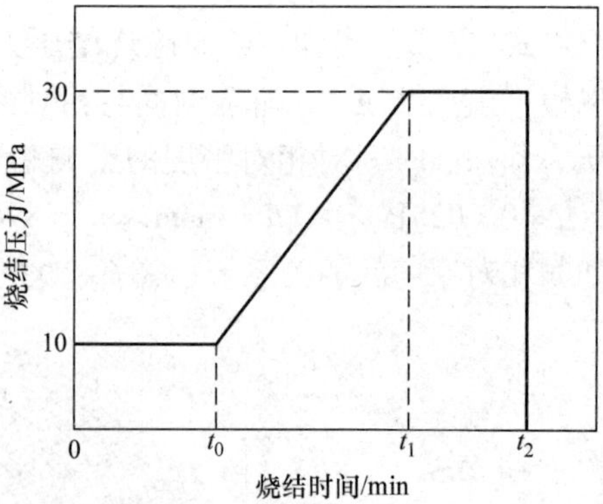

图3-4　烧结时间－烧结压力曲线

4. TiB_2基陶瓷刀具材料组分及烧结参数的优化途径

增强相的含量、金属相的种类、烧结温度和保温时间对TiB_2基陶瓷刀具材料的力学性能和微观组织具有重要的影响。如何获取这些因素对陶瓷刀具材料力学性能和微观组织的影响，并揭示这些因素的影响机制，对于研制高性能 TiB_2 基陶瓷刀具材料来说至关重要。控制变量法是每次只改变其中的一个因素，而保持其他因素不变，分别研究所变因素对结果的影响，最后综合各因素的影响并提出决策的一种方法。控制变量法已广泛地运用在各种科学探索和科学试验研究之中。基于此，采用控制变量法分别研究增强相的含量、金属相的种类、烧结温度和保温时间对 TiB_2 基陶瓷刀具材料的力学性能和微观组织的影响，综合考虑各因素对陶瓷刀具材料的抗弯强度、断裂韧度和维氏硬度的影响，从而获取具有良好综合力学性能 TiB_2 基陶瓷刀具材料的组分和烧结参数。

3.3　小结

本章依据所设计的新型 TiB_2 基陶瓷刀具材料，确定了其制备工艺，主要包括：

1）依据所选粉体的物理形态，确定了新型 TiB_2 基陶瓷刀具材料混合粉体的制备工艺；依据所选金属相与基体相间的共晶点以及物理化学相容性，确定了烧结温度范围为 1500 ~ 1650℃。

2）依据保温时间和烧结压力与相对密度间的关系，确定了 TiB_2 基陶瓷刀具材料的保温时间范围为 15 ~ 60min，烧结压力为 30MPa，并制订了新型 TiB_2 基陶瓷刀具材料的烧结工艺；同时，确定了 TiB_2 基陶瓷刀具材料组分及烧结参数的优化途径。

第 4 章

新型TiB_2基陶瓷刀具材料的测试技术

4.1 TiB_2 基陶瓷刀具材料试样条的精密制造技术

陶瓷刀具材料的硬度高，属于难加工材料，为了将陶瓷刀具材料加工成特定的测试试样或刀片，应对陶瓷刀具材料进行切割、磨削、研磨、抛光等加工。在切割陶瓷刀具材料试样或刀片时，可用金刚石锯条或切片、激光、电火花作为加工工具来实现。将陶瓷刀具材料置于内圆切片机上，用金刚石切片可实现陶瓷刀具材料的切割，陶瓷刀具材料切割面的损伤小，但对切片的性能要求较高，切片的消耗量大，加工成本高且加工效率较低，多用于不导电陶瓷刀具材料（Al_2O_3 基、Si_3N_4 基等）试样或刀片的切割加工。利用激光可实现导电陶瓷材料和不导电陶瓷材料的高效切割，但激光加工瞬时产生的高温会使切割面的材质改性，并会形成具有一定深度的损伤层，这会影响陶瓷刀具材料的后续加工以及陶瓷刀具材料原有的性能，且其设备费用较高，目前很少利用激光来切割陶瓷刀具材料试样或刀片。与激光切割相比，电火花线切割对陶瓷刀具材料切割面的影响较小，这些影响在后续加工中可被去除，且加工成本低，加工效率高，但其仅适宜切割 T(C，N) 基、TiB_2 基等导电陶瓷材料。陶瓷刀具材料试样或刀片的磨削工艺主要包括粗磨和精磨，粗磨的目的是为了去除切割所产生的影响，精磨的目的是了保证既定的尺寸精度。常在精密磨床上用金刚石砂轮完成陶瓷刀具材料试样或刀片的粗磨和精磨。为了减少陶瓷刀具材料表面由于磨削加工所产生的缺陷，如划痕、凸起等，应对陶瓷刀具材料试样或刀片进行粗研和精研。常用碳化硼作为磨料来研磨陶瓷刀具材料试样或刀片，粗研时碳化硼的粒度为 280 目，精研时的粒度为 320 目。为了进一步减小研磨过程中所产生的微划痕对陶瓷刀具材料试样或刀片性能的影响，常用 W3.5 或 W5 金刚石喷雾抛光剂对试样或刀片进行抛光，以保证加工后的试样或刀片能保有陶瓷刀具材料的原有性能。

依据上述陶瓷刀具材料的加工工艺，结合新型 TiB_2 陶瓷刀具材料基体相、增强相（HfC、HfN、HfB_2）和金属相（Ni、Mo、Co）都具有良好导电性的特点，采用如 4-1 所示的加工路线对新型 TiB_2 基陶瓷刀具材料试样进行加工，以保证其力学性能、微观组织及摩擦磨损性能的测试。在 DK7735 型电火花机床上，将 ϕ45mm ×3. 3mm 的陶瓷刀具材料切割成 3. 3mm ×4. 2mm ×35mm 的条形样条，然后将切割好的样条放在 GD－600 型万能工具磨床上进行磨削加工，对磨削后的样条进行研磨，将研磨好的样条在双速金相试样磨抛机上进行抛光，抛光完后对样条进行超声清洗并干燥，最后得到 3mm ×4mm ×35mm 的试样，以备其性能的测试。

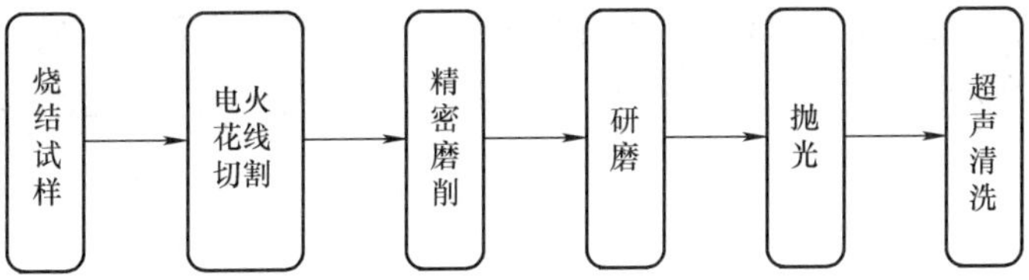

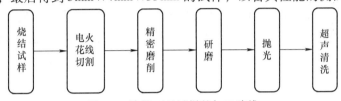

图 4-1　陶瓷刀具试样的加工路线

4. 2　TiB_2 基陶瓷刀具材料力学性能的测试技术

1. 相对密度的测试方法

用相对密度来表征 TiB_2 基陶瓷刀具材料的致密度。在室温（25℃）下，采用 Archimedes 法来测试量陶瓷刀具材料的实际密度。首先用 JM 数显电子天平称量出试样条的质量 m，然后将试样条放入装有 50mL 蒸馏水的量筒（量筒的容积为 100mL）中，记录下放入试样条后的体积增量 V，其即为试样的体积，则试样的实际密度为

$$\rho_p = \frac{m}{V} \tag{4-1}$$

式中　ρ_p——陶瓷刀具材料的实际密度（g/cm^3）；

m——陶瓷刀具材料试样的质量（g）；

V——由排水法所获得的陶瓷刀具材料试样的体积（cm^3）。

为了减小测量误差，提高实际密度测试的准确度，取 5 条试样重复测量 10 次计算结果的算术平均值作为陶瓷刀具材料的实际密度。

TiB_2 基陶瓷刀具材料的理论密度 ρ_t 用加和原则计算，计算公式如下：

$$\rho_t = \sum \rho_i V_i \tag{4-2}$$

式中　ρ_t——陶瓷刀具材料的理论密度（g/cm^3）；

ρ_i——陶瓷刀具材料中各组分的理论密度（g/cm^3）；

V_i——陶瓷刀具材料中各组分的体积分数（%）。

TiB_2 基陶瓷刀具材料各组成相的理论密度见表 2-1。各组成相的体积分数是其在具体陶瓷刀具材料中所占的体积分数。

依据式（4-1）和（4-2）所得的陶瓷刀具材料的实际密度和理论密度，将两者相比即为陶瓷刀具材料的相对密度 d：

$$d = \frac{\rho_p}{\rho_t} \times 100\% \tag{4-3}$$

2. 抗弯强度的测试方法

陶瓷刀具材料的抗弯强度表征陶瓷刀具材料在切削加工中抵抗断裂和变形的能力，其测试方法有四点弯曲法和三点弯曲法，常用三点弯曲法来测试陶瓷刀具材料的抗弯强度。图 4-2 所示为 GB/T 6569—2006/ISO 14704：2000《精细陶瓷弯曲强度试验方法》[148] 给定的陶瓷材料抗弯强度的测试方法。

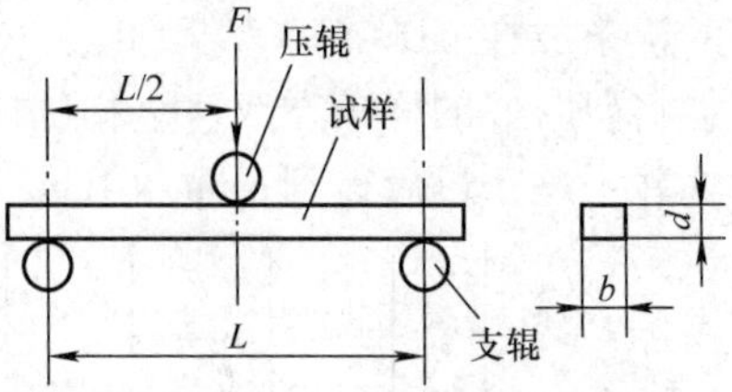

图 4-2　陶瓷材料抗弯强度的测试方法

F—施加的载荷　L—支点间的跨距

b—陶瓷材料试样的宽度

d—陶瓷材料试样的高度

依据 GB/T 6569—2006/ISO 14704：2000 所给的测试方法，将事先加工好的尺寸为 3mm × 4mm × 40mm 的试样条放在 CREE - 8003G 电子式材料试验机的测试平台上，支点间的跨距为 30mm，加载速度为 0.5mm/min，读取并记录显屏上所示的陶瓷刀具材料断裂前的最大载荷并计算抗弯强度。精细陶瓷材料抗弯强度的计算公式如下：

$$\sigma_f = \frac{3FL}{2bd^2} \tag{4-4}$$

式中　σ_f——陶瓷材料的抗弯强度（MPa）；

F——陶瓷材料断裂前的最大载荷（N）；

L——支点间的跨距（mm）；

b——陶瓷材料试样的宽度（mm）；

d——陶瓷材料试样的高度（mm）。

为了减小测量误差，提高陶瓷刀具材料抗弯强度的准确度，取 10 条试样计算结果的算术平均值作为陶瓷刀具材料的抗弯强度。

3. 维氏硬度的测试方法

陶瓷刀具材料的硬度表征陶瓷刀具材料在切削加工过程中抵抗硬质颗粒压入其表面的能力，其硬度有两种表示方法即维氏硬度和努氏硬度，但常用维氏硬度来表征陶瓷刀具材料的硬度。依照 GB/T 16534—2009《精细陶瓷室温硬度试验方法》[149] 来测试陶瓷刀具材料的维氏硬度。测试设备为 HVS - 30 数显维氏硬度计，压头为对面角为 136°的金刚石四棱体，试验载荷为 196N，保压时间 15s。保压结束后，在 HVS - 30 数显维氏硬度计自带的光学显微镜下观测如图 4-3 所示的压痕和裂纹形貌，同时测量压痕对角线的长度 d_1 和 d_2，并求出 d_1 和 d_2 的算术平均值 d，然后利用下式（4-5）计算陶

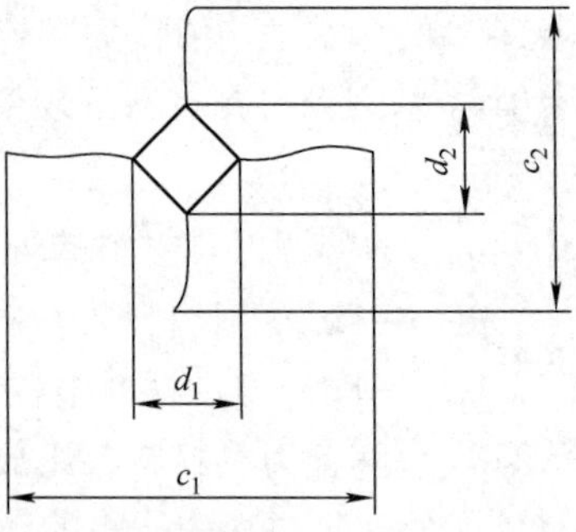

图 4-3　表征维氏硬度的压痕和裂纹

瓷刀具材料的维氏硬度：

$$HV = \frac{0.0018544F}{d^2} \tag{4-5}$$

式中　HV——维氏硬度（GPa）；

F——加载载荷（N）；

d——压痕长度 d_1 和 d_2 的算术平均值（mm）。

为了减小测量误差，提高陶瓷刀具材料维氏硬度的准确度，取 15 个压痕计算结果的算术平均值作为陶瓷刀具材料的维氏硬度。

4. 断裂韧度的测试方法

陶瓷材料断裂韧度的测试方法有压痕法、单边切口梁法和双扭法等，这些方法都各有优缺点。压痕法制样简单、经济，是最常用的一种方法。用 HVS－30 数显维氏硬度计在陶瓷刀具材料试样表面制取压痕，加载载荷为 196N，保压时间为 15s。保压结束后，在 HVS－30 数显维氏硬度计自带的光学显微镜下观测如图 4-3 所示的压痕及裂纹形貌，同时测量压痕对角线的长度 d_1 和 d_2 以及裂纹的长度 c_1 和 c_2，并分别求出 d_1 和 d_2 的算术平均值 d，c_1 和 c_2 的算术平均值 c，然后利用下式计算陶瓷刀具材料的断裂韧度：

$$K_{IC} = 0.203\,(c/d)^{-3/2}\sqrt{d/2}HV \tag{4-6}$$

式中　K_{IC}——材料的断裂韧度（$MPa \cdot m^{1/2}$）；

d——压痕长度 d_1 和 d_2 的算术平均值（m）；

c——裂纹长度 c_1 和 c_2 的算术平均值（m）；

HV——陶瓷材料的维氏硬度（MPa）。

同时，为了减小测量误差，提高陶瓷刀具材料断裂韧度的准确度，取 15 个压痕计算结果的算术平均值作为陶瓷刀具材料的断裂韧度。

4.3　TiB_2 基陶瓷刀具材料微观组织的测试技术

陶瓷刀具材料的微观组织主要包括相的组成、晶粒的大小、晶粒的分布、晶粒的形貌、微裂纹、微孔洞等。在陶瓷刀具材料的抛光面上，用 X 射线衍射法测试物相。所用设备为日本生产的 RAY－10AX－X 射线仪，射线靶为 CuKα，40KV，100mA；用能谱仪测试各相的元素构成；在陶瓷刀具材料的抛光面和断口上，用德国生产的 Supra－55 型扫描电子显微镜测试晶粒的大小、晶粒的分布、晶粒的形貌、微裂纹、微孔洞等。

4.4　TiB_2 基陶瓷刀具材料摩擦磨损性能的测试技术

1. 摩擦因数的测试方法

陶瓷刀具材料与难加工材料的对磨试验在 CFT－I 型综合材料表面性能综合测

试仪上完成，该测试仪可实现旋转摩擦、往复摩擦、环块摩擦、管道摩擦和磨损量测试。采用往复摩擦测试刀具与难加工材料间的摩擦磨损性能。依据 CFT－I 型综合材料表面性能综合测试仪自动采集的摩擦因数曲线，来确定材料间的摩擦因数。

图 4-4 所示为测试仪所获取的摩擦因数曲线，其磨损过程包括初期磨损、正常磨损和急剧磨损三个阶段。在此以正常磨损阶段的摩擦因数曲线的均值作为摩擦因数的测试值，取 5 个测试结果的算术平均值作为材料间的摩擦因数。

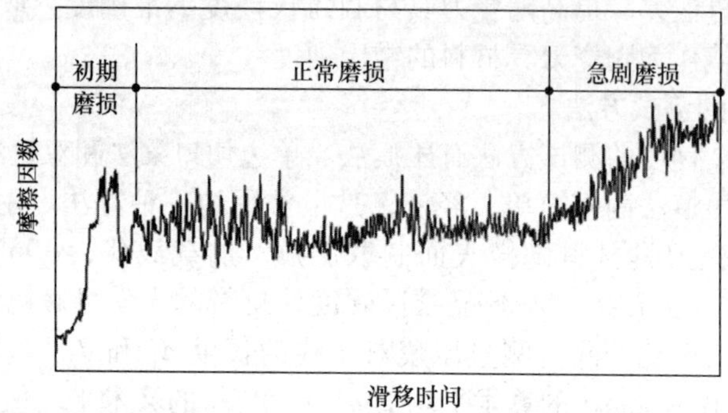

图 4-4　测试仪所获取的摩擦因数曲线

2. 磨损率的测试方法

依据 CFT－I 型综合材料表面性能综合测试仪测试的磨损量 V，通过式（4-7）确定刀具试样的磨损率，取 5 个测试结果的算术平均值作为刀具试样的磨损率。

$$I = \frac{V}{Fvt} \tag{4-7}$$

式中　I——刀具试样的磨损率［$mm^3/(m \cdot N)$］；

V——刀具试样的磨损量（mm^3）；

F——载荷（N）；

v——滑移速度（m/min）；

t——滑移时间（min）。

4.5　小结

本章介绍了新型 TiB_2 基陶瓷刀具材料的力学性能、微观组织和摩擦磨损性能的测试方法，主要包括：

1）结合新型 TiB_2 基陶瓷刀具材料的导电性能及测试试样的要求，确定了新型 TiB_2 基陶瓷刀具试样的加工路线。

2）依据新型 TiB_2 基陶瓷刀具材料的测试指标，给出了 TiB_2 基陶瓷刀具材料相对密度、抗弯强度、断裂韧度、维氏硬度、微观组织和摩擦磨损性能的测试方法。

第 5 章

新型TiB_2基陶瓷刀具材料制备工艺的优化

5.1 增强相对 TiB_2 基陶瓷刀具材料的影响

5.1.1 HfN 含量对 TiB_2 基陶瓷刀具材料的影响

采用真空热压烧结技术制备 TiB_2 - HfN 陶瓷刀具材料，研究 HfN 含量对 TiB_2 基陶瓷刀具材料力学性能和微观组织的影响，可获取陶瓷刀具材料具有较好综合力学性能时的 HfN 含量。烧结工艺参数：烧结温度为 1650℃，保温时间为 30min，烧结压力为 30MPa。不同 HfN 含量下 TiB_2 基陶瓷刀具材料的组分及配比见表 5-1。

表 5-1 不同 HfN 含量下 TiB_2 基陶瓷刀具材料的组分及配比（质量分数）（%）

试样	TiB_2	HfN	Ni	Mo
TNNM1	82	10	4	4
TNNM2	72	20	4	4
TNNM3	62	30	4	4

1. HfN 含量对 TiB_2 - HfN - Ni - Mo 陶瓷刀具材料相对密度和力学性能的影响

图 5-1 所示为 HfN 含量对 TiB_2 - HfN - Ni - Mo 陶瓷刀具材料相对密度和力学性能的影响。由图 5-1a 可见，随着 HfN 的质量分数由 10% 增加到 30%，相对密度由 99.1% 逐渐增大到 99.4%，TiB_2 - HfN - Ni - Mo 陶瓷刀具材料的相对密度均大于 99%，且远大于单相 TiB_2 的相对密度 91.4%[150]。这表明添加 HfN 能够有效提高 TiB_2 基陶瓷刀具材料的致密度，高的致密度有利于提高材料的力学性能。此外，较高的烧结温度（1650℃）和烧结压力（30MPa）也有助于提高材料的致密度。

由图 5-1b 可见，随着 HfN 的质量分数由 10% 增加到 30%，TiB_2 - HfN - Ni - Mo 陶瓷刀具材料的维氏硬度由 22.59GPa 逐渐减小到 19.23GPa，降低了约 15%。

这表明较多的 HfN 含量不利于提高 TiB_2 - HfN - Ni - Mo 陶瓷刀具材料的硬度，这是由于 HfN 的硬度（16GPa）远小于 TiB_2 的硬度（32GPa）[23,151]。

由图 5-1c 可见，随着 HfN 的质量分数由 10% 增加到 30%，TiB_2 - HfN - Ni - Mo 陶瓷刀具材料的抗弯强度由 813.69MPa 减小到 716.37MPa，降低了约 12%，但最小值远高于单相 TiB_2 基陶瓷刀具材料的抗弯强度（424.8MPa）[150]。这表明加入 HfN 能够提高 TiB_2 基陶瓷刀具材料的抗弯强度，但过多的 HfN 不利于材料抗弯强度的进一步提高。

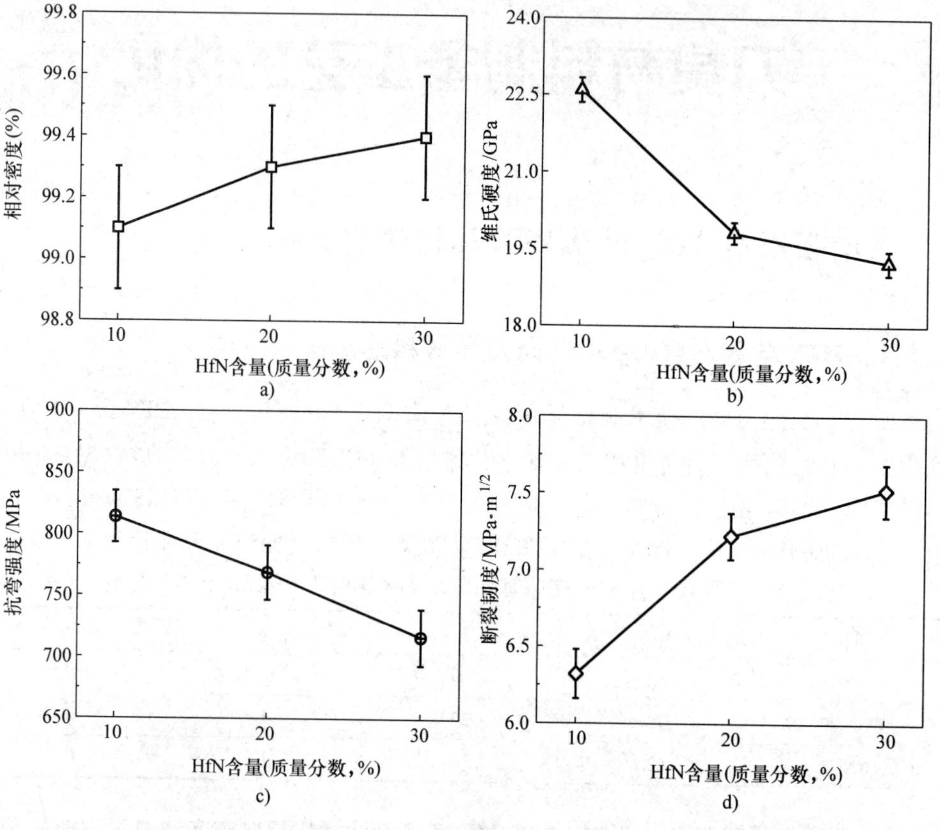

图 5-1　HfN 含量对 TiB_2 - HfN - Ni - Mo 陶瓷刀具材料相对密度和力学性能的影响

a）相对密度　b）维氏硬度　c）抗弯强度　d）断裂韧度

由图 5-1d 可见，随着 HfN 的质量分数由 10% 增加到 30%，TiB_2 - HfN - Ni - Mo 陶瓷刀具材料的断裂韧度由 6.32MPa · $m^{1/2}$ 逐渐增大到 7.52MPa · $m^{1/2}$，提高了约 19%，其最小值 6.32MPa · $m^{1/2}$ 大于单相 TiB_2 基陶瓷刀具材料的断裂韧度（5.2MPa · $m^{1/2}$）[152]。这表明加入 HfN 有利于提高 TiB_2 基陶瓷刀具材料的断裂韧度。

由上可知，当 HfN 的质量分数由 10% 增加到 30% 时，TiB_2 - HfN - Ni - Mo 陶

瓷刀具材料的硬度和抗弯强度都逐渐降低，断裂韧度逐渐增大。与HfN的质量分数为20%和30%的陶瓷刀具材料相比，HfN的质量分数为10%的陶瓷刀具材料具有较高的硬度和抗弯强度，且其断裂韧度也可满足陶瓷刀具的切削要求。因此，当HfN的质量分数为10%时，TiB_2－HfN－Ni－Mo陶瓷刀具材料具有较好的综合力学性能。此外，有关HfN含量对TiB_2－HfN－Ni－Mo陶瓷刀具材料力学性能影响的内在机制，还应通过分析陶瓷刀具材料的微观特性来进一步揭示。

2. HfN含量对TiB_2－HfN－Ni－Mo陶瓷刀具材料微观组织的影响

图5-2所示为TiB_2－HfN－Ni－Mo陶瓷刀具材料的X射线衍射（XRD）图谱。由图5-2可知，陶瓷刀具材料由TiB_2、HfN、Ni、Mo以及少量的Ni_3Mo组成。少量Ni_3Mo的存在表明烧结过程发生了轻微的化学反应，这符合陶瓷材料复合时的化学相容性原则。Ni_3Mo具有稳定的力学性能，熔点约为1320℃，被认为是一种有前途的高温结构材料[153,154]。此外，在研制含有Mo和Ni的TiB_2基陶瓷刀具材料TiB_2－TiN和TiB_2－TiC时，发现材料中有少量MoNi和B_4MoTi固溶体生成[126,155]。因此，在TiB_2－HfN－Ni－Mo陶瓷刀具材料中可能也存在MoNi、B_4MoTi等副产物，但因其含量较少难以被检测到。为了明确TiB_2－HfN－Ni－Mo陶瓷刀具材料中各相的组成，还需利用扫描电子显微镜（SEM）和能谱仪（EDS）对材料进行分析。

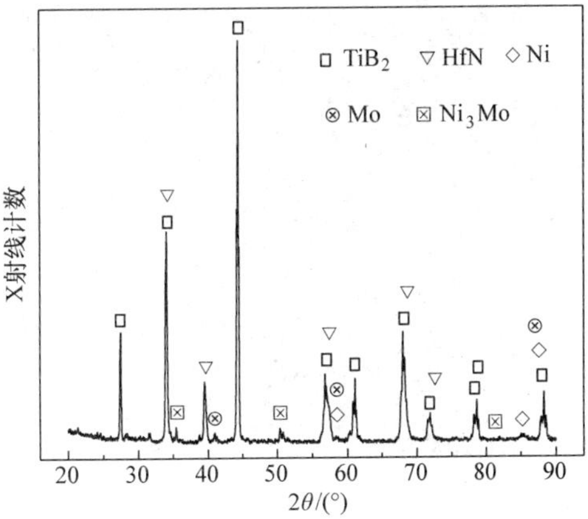

图5-2　TiB_2－HfN－Ni－Mo陶瓷刀具材料的XRD图谱

图5-3a所示为TiB_2－HfN－Ni－Mo陶瓷刀具材料的抛光面形貌及能谱。由图5-3a可见，陶瓷刀具材料由黑色相、白色相和灰色相组成。图5-3b1～b3分别是抛光面上点A、B、C的能谱图，表5-2是A、B、C各点处的元素含量。由图5-3b1～b3所示能谱图可知，各点都包含有Ti、B、Hf、N、Ni和Mo元素，这与烧结前材料组分中的元素相同。由表5-2中A点处元素含量可知，Ti和B的质量分数和摩尔分数较高，其质量分数分别为62.6%和27.9%，摩尔分数分别为32.8%和64.8%，且摩尔比接近1∶2，结合TiB_2－HfN－Ni－Mo陶瓷刀具材料的XRD分析结果，可以确定A点的主要物质构成为TiB_2，即可以确定黑色相为TiB_2。由表5-2中B点处元素的含量可知，Hf和N的质量分数和摩尔分数较高，其质量分数分别为84.9%和6.1%，摩尔分数分别为42.7%和39.0%，且摩尔比接近1∶1，结合XRD的分析结果，可以确定B点的主要物质构成为HfN，即可以确定白色相为HfN。由表5-2中C点处元素的含量可知，Ti、B和Hf的质量分数和摩尔分

数较高，其质量分数分别为47.8%、20.8%和21.5%，摩尔分数分别为30.6%、59.0%和3.7%，且Ti和B的摩尔比接近1∶2，同时，由于N的摩尔分数为3.3%，Hf和N的摩尔比接近1∶1，结合XRD的分析结果，可以推断出C点处的主要物质构成为TiB_2和HfN。此外，由表5-2还可知，在C点处还含有一定量的Ni和Mo元素，同样可以推断出，C点处还含有少量的Ni_3Mo及金属Ni和Mo。因此，灰色相是由TiB_2、HfN、少量的Ni_3Mo及金属Ni和Mo组成的复杂混合物。

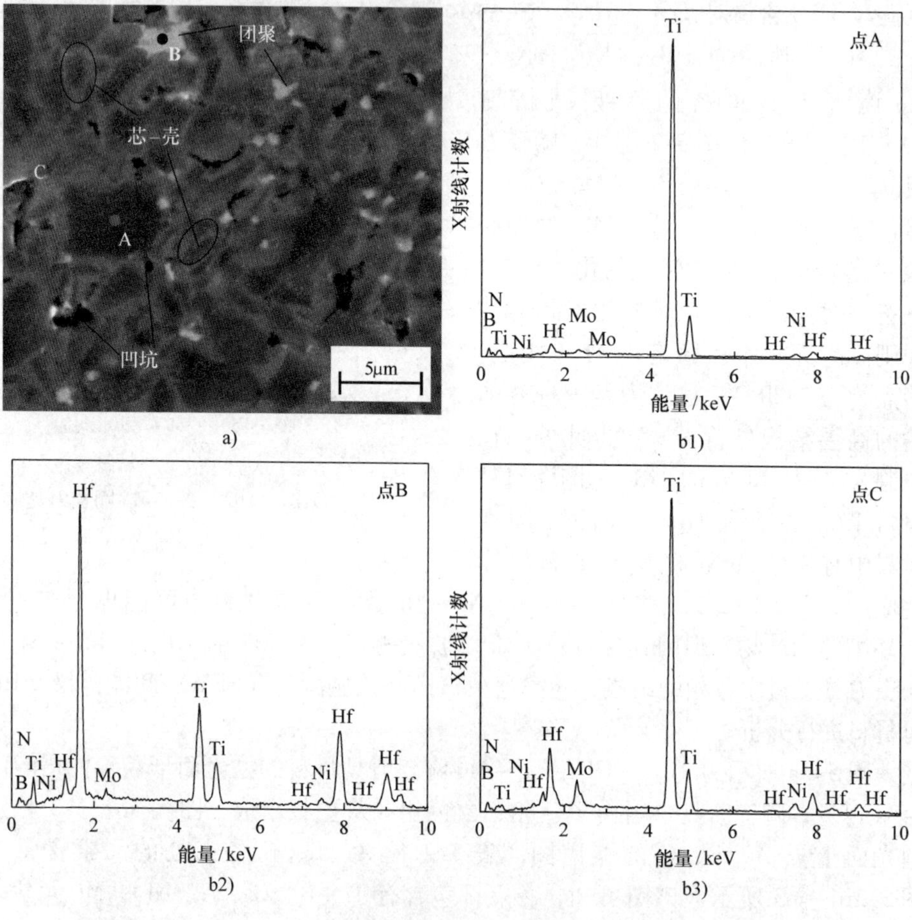

图5-3　TiB_2-HfN-Ni-Mo陶瓷刀具材料的抛光面形貌及能谱

a）抛光面形貌　b1）~b3）相应点的能谱

由图5-3a可见，少量约1μm的白色HfN颗粒弥散在TiB_2晶粒的边界上。在材料的断裂过程中，这些小颗粒的钉扎作用可以阻碍材料发生断裂，有利于TiB_2-HfN-Ni-Mo陶瓷刀具材料抗弯强度的提高。而且，颗粒弥散可以使裂纹发生偏转或桥联，消耗较多的裂纹扩展能，有效提高材料的断裂韧度[156]。但有少量的HfN发生了团聚（见图5-3a），这将会削弱颗粒弥散的增韧补强作用；此外，颗粒团聚时，颗粒间易形成孔洞，这会降低材料的致密度和力学性能。

表 5-2　TiB_2 – HfN – Ni – Mo 陶瓷刀具材料抛光面上点 A、B、C 处的元素含量

元素	A		B		C	
	质量分数（%）	摩尔分数（%）	质量分数（%）	摩尔分数（%）	质量分数（%）	摩尔分数（%）
Ti	62.6	32.8	2.6	4.9	47.8	30.6
B	27.9	64.8	0.9	7.3	20.8	59.0
Hf	6.8	1.0	84.9	42.7	21.5	3.7
N	0.3	0.5	6.1	39.0	1.5	3.3
Ni	1.3	0.6	1.6	2.4	3.5	1.8
Mo	1.1	0.3	3.9	3.7	4.9	1.6
总计	100	100	100	100	100	100

此外，由图 5-3a 可见，TiB_2 – HfN – Ni – Mo 陶瓷刀具材料中存在明显的芯 – 壳结构，芯为黑色，壳为灰色。由上述各相的能谱分析结果可知，芯的主要物质构成为 TiB_2，壳是由 TiB_2、HfN、少量的 Ni_3Mo 及金属 Ni 和 Mo 组成的复杂混合物。芯 – 壳结构可明显提高材料的力学性能，壳与壳形成的骨架结构有利于提高材料的硬度和抗弯强度[157,158]。而且多数芯呈长条状，且分布方向各异，可以承担各方向的受力，有利于材料综合力学性能的提高。此外，由图 5-3a 可见，材料的抛光面上存在一些凹坑，这些凹坑分布在晶粒的边界上，其形状与集聚的白色相的形状较为相似，由此可推断出这些凹坑是由集聚的 HfN 颗粒在研磨抛光过程中脱落形成的。这表明集聚的 HfN 颗粒间的结合强度较弱，易于脱落。

图 5-4 所示为不同 HfN 含量下 TiB_2 – HfN – Ni – Mo 陶瓷刀具材料的断口形貌。由图 5-4a 可见，当 HfN 的质量分数为 10% 时，材料中的 TiB_2 晶粒相对细小且分布较为均匀，平均尺寸约为 2μm；HfN 颗粒的尺寸约为 1μm，以颗粒弥散的形式存在于基体材料中；同时，有少量的 HfN 颗粒发生了团聚。由图 5-4b 可见，在 HfN

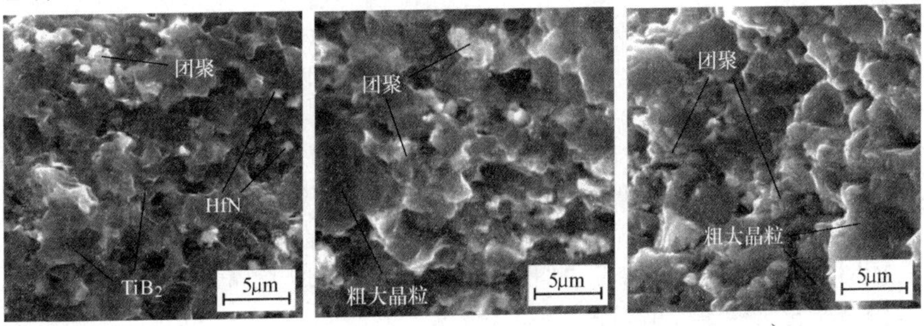

a)　　b)　　c)

图 5-4　TiB_2 – HfN – Ni – Mo 陶瓷刀具材料的断口形貌

a）TNNM1　b）TNNM2　c）TNNM3

的质量分数为20%时，TiB_2 晶粒略有长大，平均尺寸约为3μm，还存在少量的粗大 TiB_2 晶粒；HfN 颗粒的尺寸约为 1μm，以颗粒弥散的形式存在于基体材料中，但单位面积内的 HfN 颗粒有所增多，团聚变的逐渐明显。由图 5-4c 可见，在 HfN 的质量分数为30%时，TiB_2 晶粒长大显著，尺寸约为4μm，材料中的 TiB_2 粗大晶粒也变得越来越多；约为 1μm 的 HfN 仍以颗粒弥散的形式存在于基体材料中，单位面积内的 HfN 颗粒显著增多，团聚变得越来越严重。在液相烧结机制下颗粒将发生重排，材料内的空隙将被微小的 HfN 颗粒填充，这有利于材料的致密化；但当 HfN 含量增多时，这种填充概率将增大，同时也增大了 HfN 颗粒团聚的概率。

由上述对图 5-4 的分析可知，随着 HfN 的质量分数由 10% 逐渐增加到 30%，材料中的 TiB_2 晶粒逐渐变大。根据 Hall－Petch 公式[159,160]可知，材料的晶粒越大，越不利于材料抗弯强度的提高。同时，材料中的粗大 TiB_2 晶粒也越来越多，导致材料的微观组织变得不均匀，且粗大晶粒边界处易产生应力集中，并易导致微裂纹的形成，这都不利于材料力学性能的提高。而且，弥散在晶界周围的 HfN 颗粒越来越多，HfN 颗粒的团聚现象也越来越严重。这些弥散的 HfN 颗粒在裂纹扩展过程中能够使裂纹发生偏转或桥联，消耗更多的裂纹扩展能，起到阻碍裂纹扩展的作用，可显著提高陶瓷刀具材料的断裂韧度[156]；而团聚颗粒间结合力较弱，会削弱材料的力学性能。

综上所述，随着 HfN 的质量分数由 10% 增加到 30%，材料中 TiB_2 晶粒逐渐变大，粗大晶粒变得越来越多；弥散的 HfN 颗粒越来越多，其团聚现象也越来越严重。TiB_2 晶粒的变大、更多 TiB_2 粗大晶粒的生成以及 HfN 团聚现象的严重是导致材料抗弯强度降低的主要原因；HfN 团聚现象的严重以及大量低硬度 HfN 的加入是导致材料硬度降低的主要原因；HfN 颗粒弥散效应的加强是材料断裂韧度提高的主要原因；更多微小 HfN 颗粒被填充到材料空隙内是材料相对密度提高的主要原因。当 HfN 的质量分数为 10% 时，TiB_2－HfN－Ni－Mo 陶瓷刀具材料的内部缺陷相对较少，其综合力学性能较好，维氏硬度为 22.59GPa，抗弯强度为 813.69MPa，断裂韧度为 6.32MPa · $m^{1/2}$。

5.1.2 HfC 含量对 TiB_2 基陶瓷刀具材料的影响

采用真空热压烧结技术，利用控制变量法，在烧结温度为 1650℃、保温时间为 45min、烧结压力为 30MPa 的条件下制备 TiB_2－HfC－Ni 陶瓷刀具材料，研究 HfC 含量对 TiB_2 基陶瓷刀具材料性能的影响，可获取 TiB_2－HfC－Ni 陶瓷刀具材料具有相对较好综合力学性能时的 HfC 含量。不同 HfC 含量下 TiB_2 基陶瓷刀具材料的组分及配比如表 5-3 所示。

1. HfC 含量对 TiB_2－HfC－Ni 陶瓷刀具材料相对密度和力学性能的影响

图 5-5 所示为 HfC 含量对 TiB_2－HfC－Ni 陶瓷刀具材料相对密度和力学性能的影响。由图 5-5a 可见，随着 HfC 的质量分数由 10% 增加到 30% 时，材料的相对密

度逐渐增大，由 98.9% 增大到 99.2%，其值明显高于单相 TiB_2 基陶瓷刀具材料的相对密度（92.8%）[7]。这表明通过向 TiB_2 基陶瓷刀具材料中添加 HfC 可以显著提高 TiB_2 的致密度。

表 5-3　不同 HfC 含量下 TiB_2 基陶瓷刀具材料的组分及配比（质量分数）（%）

试样	TiB_2	HfC	Ni
TCN1	82	10	8
TCN2	72	20	8
TCN3	62	30	8

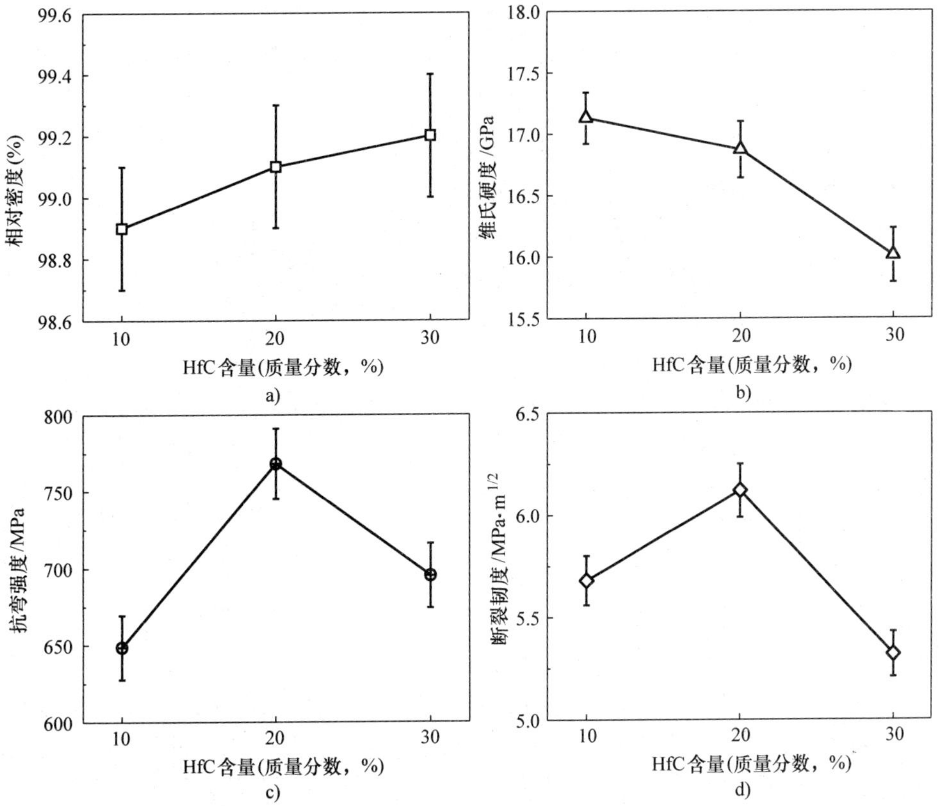

图 5-5　HfC 含量对 TiB_2－HfC－Ni 陶瓷刀具材料相对密度和力学性能的影响

a）相对密度　b）维氏硬度　c）抗弯强度　d）断裂韧度

由图 5-5b 可见，材料的维氏硬度随着 HfC 含量的增多不断减小，由 17.13GPa 减小至 16.01GPa，通常材料的相对密度越大，材料的硬度也越高，但由于 HfC 的硬度（26GPa）小于 TiB_2 的硬度（32GPa），导致了材料硬度的降低。由图 5-5c、d 可见，随着 HfC 含量的增加，材料的抗弯强度和断裂韧度都先升高后降低，当 HfC 的质量分数为 20% 时，材料具有最高的抗弯强度和断裂韧度，其值分别为 768.21MPa 和 6.12MPa · $m^{1/2}$，且大于单相 TiB_2 陶瓷材料的抗弯强度（538MPa）和断裂韧度（5.2MPa · $m^{1/2}$）[152]。这表明添加适量的 HfC 可以强韧化 TiB_2 基陶瓷材料。与 HfC 质量分数为 10% 和 30% 的 TiB_2 - HfC - Ni 陶瓷刀具材料相比，HfC 的质量分数为 20% 的材料的相对密度和维氏硬度略低，但其抗弯强度和断裂韧度最高。由此可知，当 HfC 的质量分数为 20% 时，TiB_2 - HfC - Ni 陶瓷刀具材料具有相对较好的综合力学性能，其抗弯强度为 768.21MPa，断裂韧度为 6.12MPa · $m^{1/2}$，维氏硬度为 16.87GPa。此外，有关 HfC 含量对 TiB_2 - HfC - Ni 陶瓷刀具材料力学性能影响的内在机制，还需通过分析材料的微观特性来进一步揭示。

2. HfC 含量对 TiB_2 - HfC - Ni 陶瓷刀具材料微观组织的影响

图 5-6 所示为 TiB_2 - HfC - Ni 陶瓷刀具材料的 XRD 图谱。由图 5-6 可见，陶瓷刀具材料由 TiB_2、HfC 和 Ni 组成，没有检测到第 2 章表 2-2 中所提到的 TiC、HfB_2、Ni_3Ti 和 Ni_3B 等可能生成的副产物。这表明在烧结过程中 TiB_2 与 HfC 或与 Ni 间没有发生化学反应，或发生了微弱的化学反应，这符合陶瓷材料复合时的化学相容性原则。大量的研究也表明 TiB_2 与 Ni 间具有良好的化学相容性，如在研制 TiB_2 - Ni[161]、TiB_2 - SiC - Ni[133]、TiB_2 - TiC - Ni[162] 等 TiB_2 基陶瓷刀具材料时，TiB_2 与 Ni 之间均未发生剧烈的化学反应。为了明确 TiB_2 - HfC - Ni 陶瓷刀具材料中各相的组成，还需利用 SEM 和 EDS 对材料进行分析。

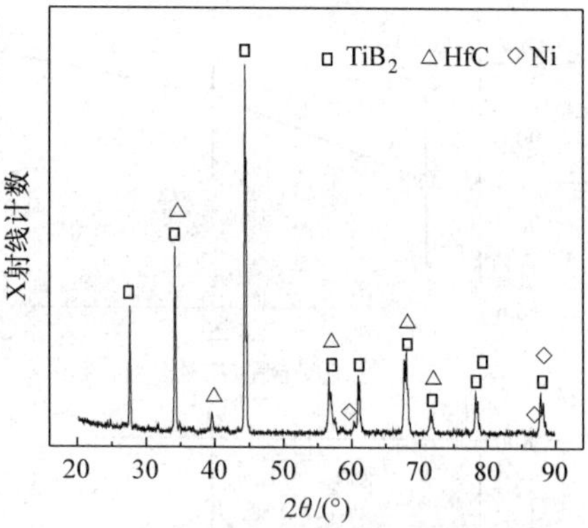

图 5-6　TiB_2 - HfC - Ni 陶瓷刀具材料的 XRD 图谱

图 5-7 所示为 TiB_2 - HfC - Ni 陶瓷刀具材料的抛光面形貌及能谱。由图 5-7a 可见，陶瓷刀具材料由黑色相、白色相和灰色相组成。图 5-7b1 ~ b3 分别是抛光面上点 A、B、C 的能谱图，表 5-4 是 A、B、C 各点处的元素含量。由图 5-7b1 ~ b3 所示能谱图可知，各点都包含有 Ti、B、Hf、C 和 Ni 元素，这与烧结前材料组分中的元素相同。

由表 5-4 中 A 点处元素的含量可知，Ti 和 B 的质量分数和摩尔分数较高，质量分数分别为 48.6% 和 22.7%，摩尔分数分别为 29.6% 和 61.0%，且其摩尔比接近 1∶2，结合 TiB_2 - HfC - Ni 陶瓷刀具材料的 XRD 分析结果，可以确定 A 点处的物质主要为 TiB_2，即可以确定黑色相为 TiB_2。由表 5-4 中 B 点处元素的含量可知，Hf 和 C 的质量分数和摩尔分数较高，质量分数分别为 92.7% 和 6.0%，摩尔分数

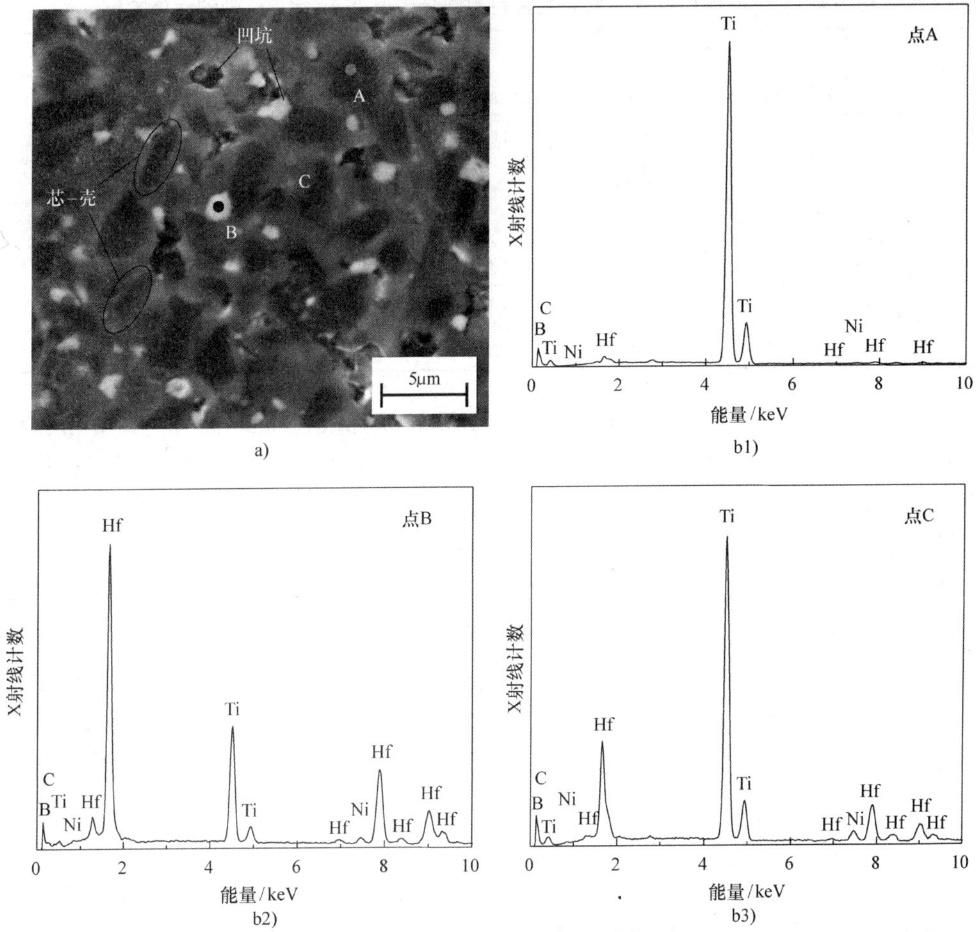

图 5-7　TiB_2 – HfC – Ni 陶瓷刀具材料的抛光面形貌及能谱

a）抛光面形貌　b1）~b3）相应点的能谱

分别为 49.4% 和 47.3%，且摩尔比接近 1∶1，结合 XRD 的分析结果，可以确定 B 点处的物质主要为 HfC，即可以确定白色相为 HfC。由表 5-4 中 C 点处元素的含量可知，Ti、B 和 Hf 的质量分数和摩尔分数较高，质量分数分别为 51.2%、20.1% 和 19.1%，摩尔分数分别为 32.0%、58.1% 和 3.2%，且 Ti 和 B 的摩尔比接近 1∶2，同时，由于 C 的摩尔分数为 3.0%，Hf 摩尔分数与 C 的摩尔比接近 1∶1，结合 XRD 的分析结果，可以推断出 C 点处的主要物质构成为 TiB_2 和 HfC。此外，由表 5-4 还可知，在 C 点处还含有一定量的 Ni 元素，结合 XRD 的分析结果，可以推断出 C 点处的物质构成，即灰色相的物质为 TiB_2、HfC 和少量的金属 Ni。

表5-4 $TiB_2-HfC-Ni$ 陶瓷刀具材料的抛光面上点A、B、C处的元素含量

元素	A		B		C	
	质量分数（%）	摩尔分数（%）	质量分数（%）	摩尔分数（%）	质量分数（%）	摩尔分数（%）
Ti	48.6	29.6	0.3	0.7	51.2	32.0
B	22.7	61.0	0.1	1.3	20.1	58.1
Hf	22.4	3.7	92.7	49.4	19.1	3.2
C	1.3	3.2	6.0	47.3	1.2	3.0
Ni	5.0	2.5	0.9	1.3	7.4	3.7
总计	100	100	100	100	100	100

由图5-7a可见，大量约1μm的白色HfC颗粒弥散在TiB_2晶粒的边界上，在材料的断裂过程中，它们的钉扎作用和诱导裂纹发生偏转或桥联的作用，有利于$TiB_2-HfC-Ni$陶瓷刀具材料抗弯强度和断裂韧度的提高。同时，在图5-7a中存在明显的芯－壳结构，芯为黑色，壳为灰色，由上述可知，芯的主要物质构成为TiB_2，壳主要由TiB_2、HfC及少量金属Ni组成。由芯－壳结构在材料空间所形成的骨架结构有利于提高材料的硬度和抗弯强度。此外，材料的抛光面上存在一些凹坑，这些凹坑处在TiB_2晶粒的边界上，是由集聚的HfC颗粒在研磨抛光过程中脱落形成的。这表明HfC与TiB_2间的亲和性较差，且集聚的HfC颗粒间的结合强度较弱，易于脱落。当HfC含量增多时，HfC间的集聚将变得更加明显，这将会降低材料的力学性能。

图5-8所示为$TiB_2-HfC-Ni$陶瓷刀具材料的断口形貌。由图5-8可见，随着HfC含量的增多，TiB_2晶粒大小变化不显著，这表明HfC含量对TiB_2晶粒的生长影响不明显。HfC以颗粒弥散的形式主要分布在TiB_2晶粒的界面上，随着HfC含量的增多，分布在TiB_2晶粒边界的HfC数量越来越多。当HfC的质量分数为10%时，TCN1陶瓷刀具材料中的少量HfC颗粒发生了团聚（见图5-8a）；当HfC的质

a) b) c)

图5-8 $TiB_2-HfC-Ni$ 陶瓷刀具材料的断口形貌

a）TCN1 b）TCN2 c）TCN3

量分数为 30% 时，TCN3 陶瓷刀具材料中的 HfC 发生了严重的团聚（见图 5-8c）；而当 HfC 的质量分数为 20% 时，与 TCN1 和 TCN3 陶瓷刀具材料相比，TCN2 陶瓷刀具材料中的 HfC 颗粒少见团聚，HfC 颗粒相对细小且分布相对均匀，弥散的颗粒可以抑制晶界滑动起到细晶的作用[163]。由上述可知，HfC 与 TiB_2 间的亲和性较差，在烧结的过程中难以相形成固溶体，主要以颗粒的形式弥散在基体中，弥散颗粒的粒径小，比表面积大，界面原子数多，因而颗粒的化学活性高，容易形成团聚；当 HfC 含量过多时，团聚现象将更加明显。团聚体内结构疏松不致密，易导致力学性能的下降[164]。

综上所述，当 HfC 的质量分数为 20% 时，材料中的颗粒弥散现象比较明显，且团聚较少，晶粒分布相对均匀，这是其获得较好综合力学性能的主要原因；HfC 含量过少时，颗粒弥散的强韧性效果较弱，而 HfC 含量过多时，颗粒的团聚现象变得十分严重，不利于材料抗弯强度和断裂韧度的提高。

5.1.3　HfB_2 含量对 TiB_2 基陶瓷刀具材料的影响

采用真空热压烧结技术，利用控制变量法，在烧结温度为 1650℃、保温时间为 30min、烧结压力为 30MPa 下制备 $TiB_2-HfB_2-Ni-Mo$ 陶瓷刀具材料，研究 HfB_2 含量对 TiB_2 基陶瓷刀具材料性能的影响，可获取 $TiB_2-HfB_2-Ni-Mo$ 陶瓷刀具材料具有相对较好综合力学性能时的 HfB_2 含量。不同 HfB_2 含量的 TiB_2-HfB_2 陶瓷刀具材料的组分及配比见表 5-5。

表 5-5　不同 HfB_2 含量下的 TiB_2 基陶瓷刀具材料的组分及配比（质量分数）（%）

试样	TiB_2	HfB_2	Ni	Mo
TBNM1	82	10	4	4
TBNM2	72	20	4	4
TBNM3	62	30	4	4

1. HfB_2 含量对 $TiB_2-HfB_2-Ni-Mo$ 陶瓷刀具材料相对密度和力学性能的影响

图 5-9 所示为 HfB_2 含量对 $TiB_2-HfB_2-Ni-Mo$ 陶瓷刀具材料相对密度和力学性能的影响。由图 5-9a 可见，随着 HfB_2 的质量分数由 10% 增加到 30% 时，材料的相对密度逐渐增大，由 98.4% 增大到 99.0%，其明显高于单相 TiB_2 陶瓷材料的相对密度（92.8%）[7]。这表明添加 HfB_2 可以显著提高 TiB_2 基陶瓷刀具材料的致密度。

由图 5-9b 可见，随着 HfB_2 含量的增多，材料的维氏硬度逐渐增大，由 19.15GPa 增大至 21.52GPa。这表明添加 HfB_2 可以显著提高 TiB_2 基陶瓷刀具材料的硬度。由此可见，相对密度与维氏硬度有相同的变化趋势，即相对密度与维氏硬度均随 HfB_2 含量的增多而增大。

由图5-9c可见，随着HfB_2含量的增多，材料的抗弯强度逐渐增大，其值从680.49MPa增大至708.71MPa，增大了4.1%，增幅不大，但高于单相TiB_2陶瓷材料的抗弯强度（538MPa）[152]。

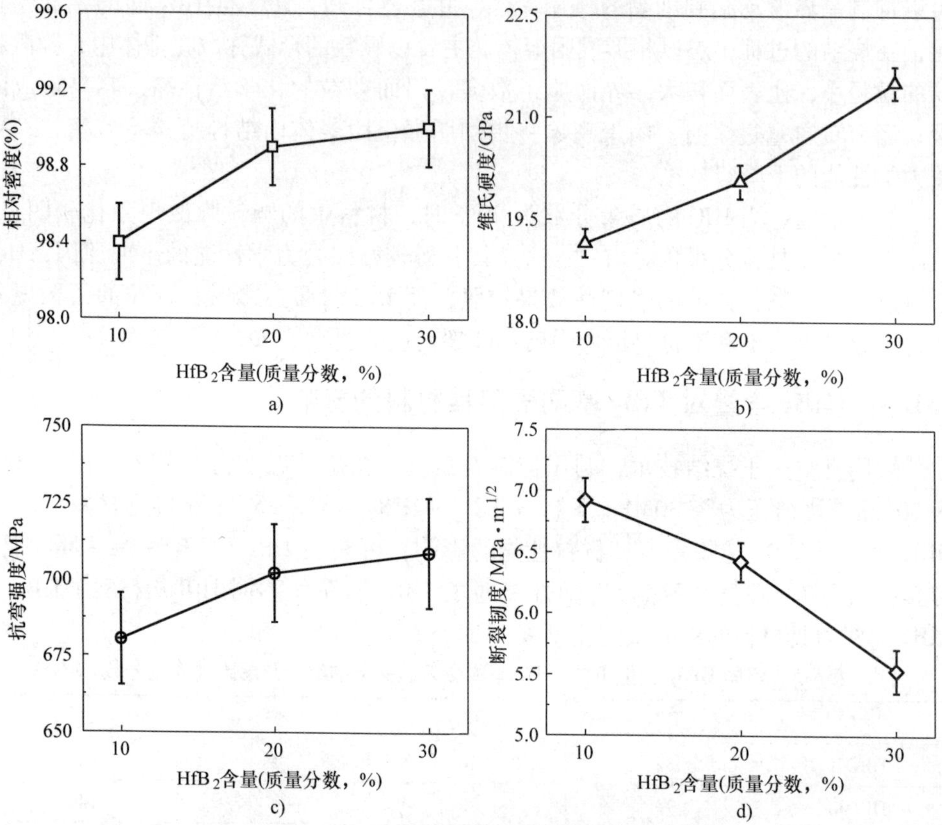

图5-9 HfB_2含量对$TiB_2-HfB_2-Ni-Mo$陶瓷刀具材料相对密度和力学性能的影响

a）相对密度 b）维氏硬度 c）抗弯强度 d）断裂韧度

由图5-9d可见，随着HfB_2含量的增多，材料的断裂韧度有减小的趋势，从6.92MPa·$m^{1/2}$减小至5.53MPa·$m^{1/2}$。这表明当HfB_2含量增多时，不利于TiB_2基陶瓷刀具材料断裂韧度的提高。但当HfB_2的质量分数为30%时，材料的断裂韧度为5.53MPa·$m^{1/2}$，此值高于单相TiB_2基陶瓷刀具材料的断裂韧度（3.5MPa·$m^{1/2}$）[165]。这表明添加适量的HfB_2可提高TiB_2基陶瓷刀具材料的断裂韧度。

由图5-9可见，当HfB_2的质量分数为20%时，虽然$TiB_2-HfB_2-Ni-Mo$陶瓷刀具材料的断裂韧度（6.42MPa·$m^{1/2}$）略小于HfB_2的质量分数为10%陶瓷刀具材料的断裂韧度（6.92MPa·$m^{1/2}$），但HfB_2的质量分数为20%陶瓷刀具材料的维氏硬度（20.36GPa）和抗弯强度（702.03MPa）均大于HfB_2的质量分数为10%

陶瓷刀具材料的维氏硬度（19.15GPa）和抗弯强度（680.49MPa）。相比而言，HfB_2 的质量分数为20%陶瓷刀具材料的综合力学性能要优于 HfB_2 的质量分数为10%陶瓷刀具材料的综合力学性能。此外，与 HfB_2 的质量分数为30%的 HfB_2 陶瓷刀具材料相比，HfB_2 的质量分数为20%陶瓷刀具材料的维氏硬度（20.06GPa）略小于 HfB_2 的质量分数为30% HfB_2 陶瓷刀具材料的维氏硬度（21.52GPa），但两者的抗弯强度分别为702.03MPa和708.71MPa，其相差不大，且 HfB_2 的质量分数为20%陶瓷刀具材料的断裂韧度（6.42MPa·$m^{1/2}$）大于 HfB_2 的质量分数为30%陶瓷刀具材料的断裂韧度（5.53MPa·$m^{1/2}$）。由此可见，HfB_2 的质量分数为20%陶瓷刀具材料的综合力学性能优于 HfB_2 的质量分数为30% HfB_2 陶瓷刀具材料的综合力学性能。当 HfB_2 的质量分数为20%时，$TiB_2-HfB_2-Ni-Mo$ 陶瓷刀具材料的维氏硬度为20.06GPa，抗弯强度为702.03MPa，断裂韧度为6.42MPa·$m^{1/2}$，此时材料具有较好的综合力学性能。有关 HfB_2 对 $TiB_2-HfB_2-Ni-Mo$ 陶瓷刀具材料力学性能影响的内在机制，还应通过分析材料的微观特性来进一步揭示。

2. HfB_2 含量对 TiB_2-HfB_2 陶瓷刀具材料微观组织的影响

图5-10所示为 $TiB_2-HfB_2-Ni-Mo$ 陶瓷刀具材料的XRD图谱。由图5-10可见，$TiB_2-HfB_2-Ni-Mo$ 陶瓷刀具材料由 TiB_2、HfB_2、Ni、Mo和少量的 Ni_3Mo 组成。由此可知，金属相Ni与Mo发生了化学反应，生成了金属间化合物 Ni_3Mo。此外，在研制含有Mo和Ni的 TiB_2 基陶瓷刀具材料 TiB_2-TiN 和 TiB_2-TiC 时，发现材料中有少量MoNi和 B_4MoTi 固溶体生成[126,155]；为了明确 $TiB_2-HfB_2-Ni-Mo$ 陶瓷刀具材料中各相的组成，还应利用SEM和EDS对材料进行分析。

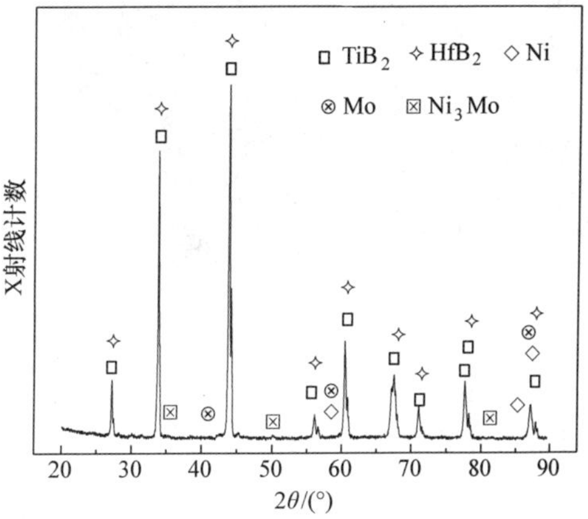

图5-10　$TiB_2-HfB_2-Ni-Mo$ 陶瓷刀具材料的XRD图谱

图5-11所示为 $TiB_2-HfB_2-Ni-Mo$ 陶瓷刀具材料的抛光面形貌及能谱。图5-11a所示为陶瓷刀具的抛光面形貌。由图5-11a可见，陶瓷刀具材料由黑色相、白色相和灰色相组成。图5-11b1～b3所示分别为点A、B、C的能谱图，表5-6是A、B、C各点处的元素含量。由图5-11b1～b3的能谱图可知，各点都包含有Ti、B、Hf、Ni和Mo元素，这与烧结前材料组分中的元素相同。由表5-6中A点处元素的含量可知，Ti和B的质量分数和摩尔分数较高，质量分数分别为66.4%和30.3%，摩尔分数分别为32.9%和66.3%，且其摩尔比接近1∶2，结合XRD的分析结果，可以

确定 A 点的物质主要为 TiB_2，即可以确定黑色相为 TiB_2。由表 5-6 中 B 点处元素的含量可知，Hf 和 B 的质量分数和摩尔分数较高，质量分数分别为 86.7% 和 10.7%，摩尔分数分别为 32.1% 和 65.4%，且摩尔比接近1∶2，结合 XRD 的分析结果，可以确定 B 点的物质主要为 HfB_2，即可以确定白色相为 HfB_2。由表 5-6 中 C 点处元素的含量可知，Ti、B 和 Hf 的质量分数和摩尔分数较高，质量分数分别为 48.6%、24.5% 和 20.4%，摩尔分数分别为 29.1%、65.1% 和 3.3%，当 Ti 和 B 的摩尔比为 1∶2时，所需要 B 的摩尔分数为 58.2%，B 还剩余的摩尔分数为 6.9%，而 Hf 与 B 的剩余摩尔比接近 1∶2，结合 XRD 的分析结果，可以推断出 C 点处的物质主要为 TiB_2 和 HfB_2。此外，由表 5-6 还可知，在 C 点处还含有一定的 Ni 和 Mo 元素，结合 XRD

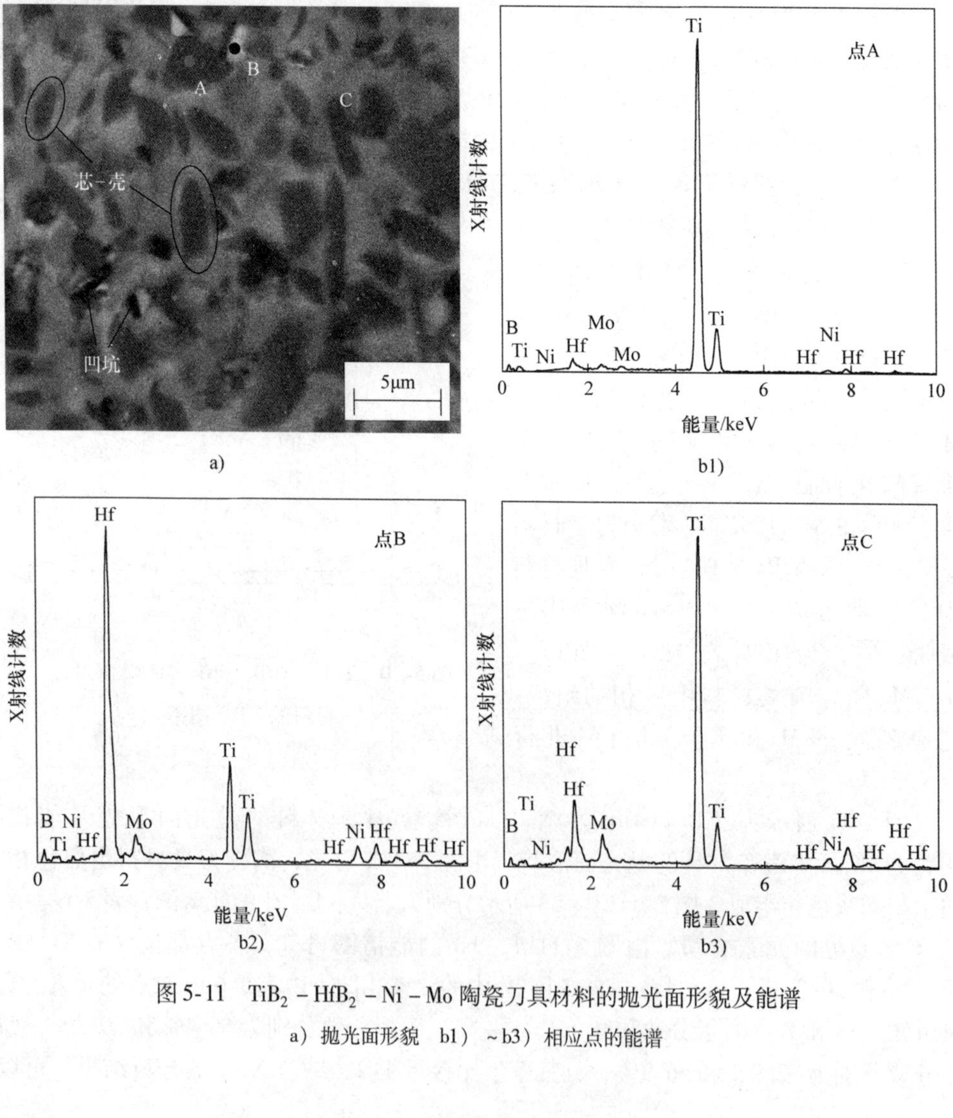

图 5-11　$TiB_2-HfB_2-Ni-Mo$ 陶瓷刀具材料的抛光面形貌及能谱

a）抛光面形貌　b1）～b3）相应点的能谱

的分析结果，可知 C 点处还含有少量的 Ni_3Mo 及金属 Ni 和 Mo。因此可确定 C 点处的物质构成，即灰色相的物质组成为 TiB_2、HfB_2、少量的 Ni_3Mo 及金属 Ni 和 Mo，或许还存在极少量的 B_4MoTi、MoNi 等副产物。

表 5-6　TiB_2-HfB_2-Ni-Mo 陶瓷刀具材料的抛光面上点 A、B、C 处的元素含量

元素	A		B		C	
	质量分数（%）	摩尔分数（%）	质量分数（%）	摩尔分数（%）	质量分数（%）	摩尔分数（%）
Ti	66.4	32.9	0.5	0.6	48.6	29.1
B	30.3	66.3	10.7	65.4	24.5	65.1
Hf	1.5	0.2	86.7	32.1	20.4	3.3
Ni	1.0	0.4	0.9	1.0	2.6	1.3
Mo	0.8	0.2	1.2	0.9	3.9	1.2
总计	100	100	100	100	100	100

此外，在图 5-11a 的抛光面上存在明显的芯-壳结构和少量的凹坑，芯为黑色，壳为灰色。由上述可知，芯的主要物质构成为 TiB_2，壳主要由 TiB_2、HfB_2、少量的 Ni_3Mo 及金属 Ni 和 Mo 组成。芯-壳结构可明显提高材料的力学性能，壳与壳之间形成骨架对材料的硬度和抗弯强度有利。而且多数芯呈长条状，且分布方向各异，可以承担各方向的受力，有利于材料综合力学性能的提高。凹坑是由晶粒在研磨抛光过程中脱落形成的。这表明脱落晶粒与基体材料的结合强度较弱，根据凹坑的形状与大小可判断脱落晶粒多为 HfB_2 颗粒。

图 5-12 所示为 TiB_2-HfB_2-Ni-Mo 陶瓷刀具材料的断口形貌。由图 5-12 可见，随着 HfB_2 的质量分数从 10% 增加到 30%，材料中的微孔洞也逐渐减少，微孔洞的减少有利于材料致密度的提高。当材料致密度高时，其抵抗嵌入力破坏的能力增强，有利于材料硬度的提高。这些是材料的相对密度和硬度随 HfB_2 含量增多而增大的内在原因。此外，在陶瓷刀具材料中有芯-壳结构形成，芯主要由 TiB_2 组

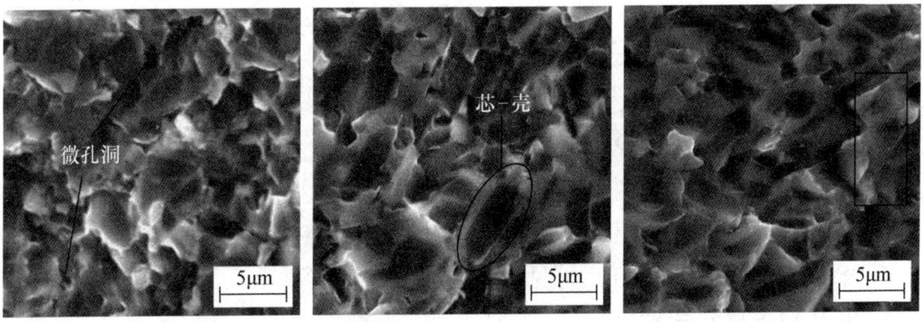

a)　b)　c)

图 5-12　TiB_2-HfB_2-Ni-Mo 陶瓷刀具材料的断口形貌

a) TBNM1　b) TBNM2　c) TBNM3

成，且大多数芯呈条带状，而壳是由 TiB_2、HfB_2、少量的 Ni_3Mo 及金属 Ni 和 Mo 组成的复杂混合物。随着 HfB_2 的质量分数从10%增加到30%，由复杂混合物所形成的包裹层越来越厚，厚的壳与壳相互连接到一起形成较为粗大的晶粒（如图5-12c中方框所示），而这种厚的壳不利于陶瓷刀具材料断裂韧度的提高。因此，TBNM3 陶瓷刀具材料的断裂韧度低于 TBNM1 和 TBNM2 陶瓷刀具材料。同时，条带状 TiB_2 的分布方向各异，这有利于 TiB_2 基陶瓷刀具材料抗弯强度和断裂韧度的提高。与 TBNM1 陶瓷刀具材料相比，TBNM2 陶瓷刀具材料中有大量的条带状 TiB_2，这是 TBNM2 陶瓷刀具材料的抗弯强度和断裂韧度高于 TBNM1 陶瓷刀具材料的主要原因。

5.2 金属相对 TiB_2 基陶瓷刀具材料的影响

5.2.1 金属相对 TiB_2 – HfN 陶瓷刀具材料的影响

基于5.1.1节的研究，在 HfN 的质量分数为10%的基础上，进一步研究不同金属相 Ni、Co、（Ni，Co）、（Ni，Mo）对 TiB_2 – HfN 陶瓷刀具材料力学性能和微观组织的影响，以获取 TiB_2 – HfN 陶瓷刀具材料具有相对较好综合力学性能时的金属相。同样采用真空热压烧结技术，利用控制变量法，在烧结温度为1650℃、保温时间为30min、烧结压力为30MPa 的条件下制备 TiB_2 – HfN 陶瓷刀具材料。表5-7列出了具有不同金属相的 TiB_2 – HfN 陶瓷刀具材料的组分及配比。

表5-7 具有不同金属相的 TiB_2 – HfN 陶瓷刀具材料的组分及配比（质量分数）（%）

试样	TiB_2	HfN	Ni	Co	Mo
TNN	82	10	8	—	—
TNC	82	10	—	8	—
TNNC	82	10	4	4	—
TNNM	82	10	4	—	4

1. 金属相对 TiB_2 – HfN 陶瓷刀具材料相对密度和力学性能的影响

图5-13所示为以 Ni、Co、（Ni，Co）、（Ni，Mo）为金属相的 TiB_2 – HfN 陶瓷刀具材料的相对密度和力学性能。由图5-13a 可见，这四种 TiB_2 – HfN 陶瓷刀具材料按相对密度由大到小的次序为 TNNM、TNC、TNN、TNNC，其值分别为99.1%、98.9%、98.8%、98.5%。由此可见，与仅添加金属 Ni 或 Co 相比，同时添加金属 Ni 和 Mo 更有利于材料相对密度的提高，而同时添加金属 Ni 和 Co 不利于材料相对密度的提高。TNN 和 TNC 陶瓷刀具材料的相对密度相差不大。由图5-13b 可见，这四种 TiB_2 – HfN 陶瓷刀具材料按硬度由大到小的次序为 TNNM、TNC、TNNC、TNN，其值分别为22.59GPa、20.55GPa、20.01GPa、19.21GPa，由此可见，同时

添加金属 Ni 和 Mo 更有利于材料硬度的提高。由图 5-13c 可见，这四种 TiB_2 – HfN 陶瓷刀具材料按抗弯强度由大到小的次序为 TNNM、TNN、TNC、TNNC，其值分别为 813.69MPa、771.67MPa、739.23MPa、690.67MPa，由此可见，同时添加金属 Ni 和 Mo 更有利于材料抗弯强度的提高。由图 5-13d 可见，这四种 TiB_2 – HfN 陶瓷刀具材料按断裂韧度由大到小的次序为 TNC、TNNC、TNN、TNNM，其值分别为 7.81MPa · $m^{1/2}$、7.31MPa · $m^{1/2}$、7.15MPa · $m^{1/2}$、6.32MPa · $m^{1/2}$。由此可见，添加金属 Co 更有利于材料断裂韧度的提高，相比而言，同时添加 Ni 和 Mo 对材料断裂韧度的提高不显著。

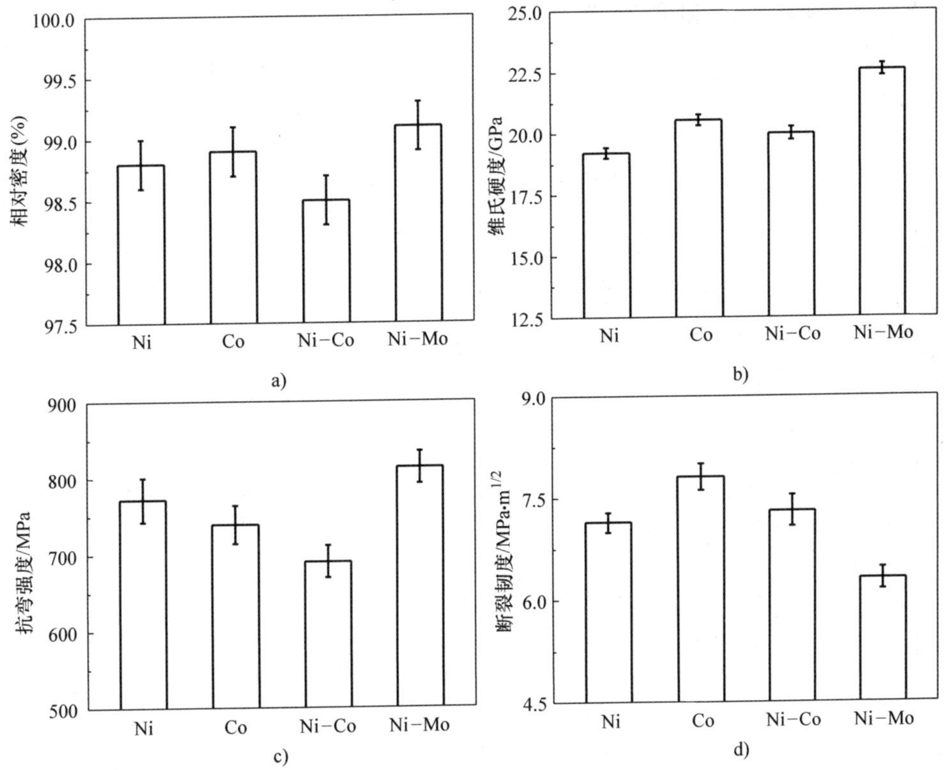

图 5-13　不同金属相对 TiB_2 – HfN 陶瓷刀具材料相对密度和力学性能的影响

a）相对密度　b）维氏硬度　c）抗弯强度　d）断裂韧度

综上所知，与仅添加金属 Ni 或金属 Co 相比，同时添加金属 Ni 和 Mo 更有利于提高 TiB_2 – HfN 材料的相对密度、硬度和抗弯强度，而同时添加金属 Ni 和 Co 对材料力学性能的提高作用不显著，甚至会降低材料的相对密度和抗弯强度。由此可见，与仅添加 Ni 或 Co，或同时添加 Ni 和 Co 相比，同时添加 Ni 和 Mo 更有利于 TiB_2 – HfN 材料获得较好的综合力学性能。TiB_2 – HfN – Ni – Mo 陶瓷刀具材料的维氏硬度、抗弯强度、断裂韧度分别为 22.59GPa、813.69MPa、6.32MPa · $m^{1/2}$。此外，有关不同金属相对 TiB_2 – HfN 陶瓷刀具材料力学性能影响的内在机制，还应通过分析材料的微观特性来进一步揭示。

2. 金属相对 TiB_2 – HfN 陶瓷刀具材料微观组织的影响

图 5-14 所示为以 Ni、Co、（Ni，Co）、（Ni，Mo）为金属相的 TiB_2 – HfN 陶瓷刀具材料的 XRD 图谱。由图 5-14a 可见，TNN 陶瓷刀具材料主要由 TiB_2、HfN、Ni 组成，与烧结前的材料组分一致，这表明在烧结过程中各组分间没有发生化学反应，或发生了微弱的化学反应且副产物很少难以被检测到。由图 5-14b、c 可见，TNC 和 TNNC 陶瓷刀具材料除含有烧结前的组分外，还含有少量副产物 TiB 和 Co_2B，这表明在 TNC 和 TNNC 陶瓷刀具材料的烧结过程中有化学反应发生。依据第 2 章表 2-2 可知，在烧结温度为 1650℃时，TiB_2 和 Co 可发生化学反应生成 TiB 和 Co_2B。TiB 具有硬度高、导热性与导电性好、化学性能稳定等特点[166]，生成的

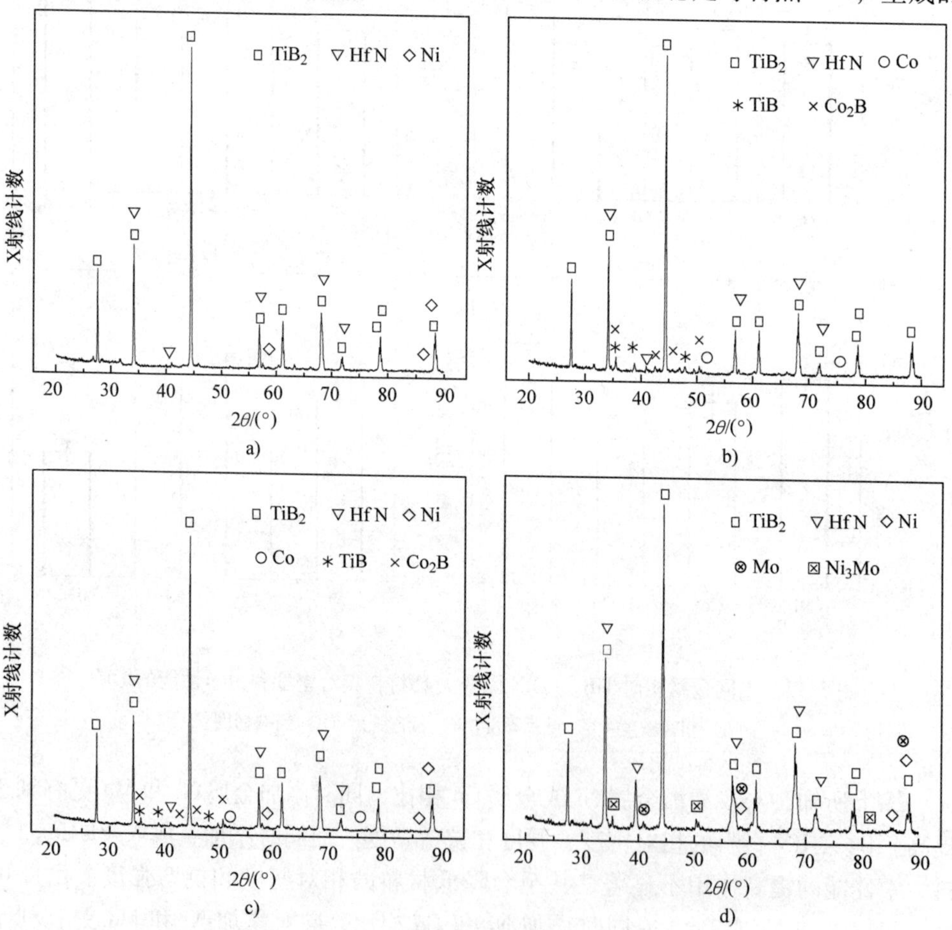

图 5-14　TiB_2 – HfN 陶瓷刀具材料的 XRD 图谱

a）TNN　b）TNC　c）TNNC　d）TNNM

TiB 可诱导裂纹发生偏转，消耗更多的断裂能，从而提高材料的力学性能[167]；Co_2B 具有较好的导电性、耐磨性和抗氧化性[168]，且 Co_2B 对 TiB_2 具有较好的润湿性[169]。因此，生成的 TiB 和 Co_2B 有利于提高 TNC 和 TNNC 陶瓷刀具材料的性能。由图 5-14d 可见，TNNM 陶瓷刀具材料除含有烧结前的组分外，还含有少量的副产物 Ni_3Mo，这表明在 TNNM 陶瓷刀具材料的烧结过程中发生了少量的化学反应。少量的化学反应可改善材料间的相容性，提高材料的力学性能[16]。由上可知，在 TNN、TNC、TNNC、TNNM 陶瓷刀具材料的烧结过程中，没有发生剧烈的化学反应，这符合复合材料的化学相容性原则。

图 5-15 所示为以 Ni、Co、(Ni, Co)、(Ni, Mo) 为金属相的 TiB_2 - HfN 陶瓷刀具材料的抛光面形貌。由图 5-15 可见，在这四种陶瓷刀具材料中，HfN 颗粒均

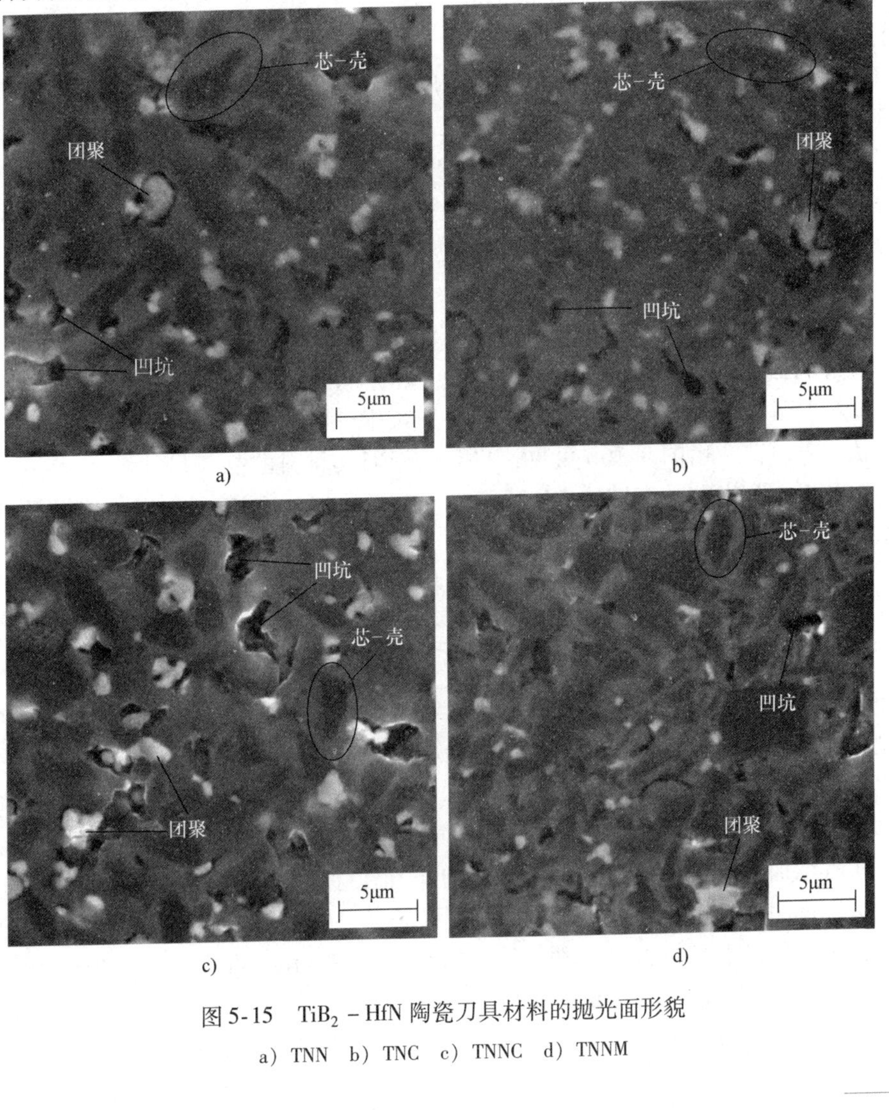

图 5-15　TiB_2 - HfN 陶瓷刀具材料的抛光面形貌

a) TNN　b) TNC　c) TNNC　d) TNNM

发生了不同程度的团聚，团聚程度由重到轻依次为：TNNC、TNN、TNC、TNNM。团聚易导致微孔洞和微裂纹的形成，微孔洞会降低材料的致密度，微裂纹有利于裂纹的扩展，这不利于材料致密度和力学性能的提高。同时，这四种 TiB_2-HfN 陶瓷刀具材料的抛光面上均有凹坑，TNNC 陶瓷刀具材料抛光面上的凹坑较大，这是由团聚的 HfN 颗粒在研磨抛光过程中脱落形成的。这表明团聚的 HfN 与基体间的结合力较差。因此，TNNC 陶瓷刀具材料具有较低的相对密度和力学性能。

此外，这四种 TiB_2-HfN 陶瓷刀具材料中均有 HfN 颗粒弥散和 HfN 团聚现象发生，HfN 颗粒的团聚会削弱 HfN 颗粒的弥散作用。对比这四种陶瓷刀具材料的抛光面形貌可见，TNC 陶瓷刀具材料中的 HfN 颗粒弥散相对较多且均匀。因此，TNC 陶瓷刀具材料具有较高的断裂韧度。而 TNNC 陶瓷刀具材料中的 HfN 团聚较为严重，其次是 TNN 陶瓷刀具材料中的 HfN 团聚，这种团聚不仅削弱了 HfN 颗粒的弥散作用，而且不利于材料力学性能的提高。同时，这四种 TiB_2-HfN 陶瓷刀具材料中均有芯-壳结构，但是 TNC 和 TNNC 陶瓷刀具材料中的壳较厚，尤其 TNC 陶瓷刀具材料中，只有极少的芯-壳结构，大片的壳连接在一起，削弱了芯-壳结构的作用，这是导致 TNC、TNNC 陶瓷刀具材料抗弯强度低于 TNN 和 TNNM 陶瓷刀具材料的主要原因。对比这四种陶瓷刀具材料的芯-壳结构可见，按壳由厚到薄的次序为：TNC、TNNC、TNN、TNNM。这表明加入金属 Co 易于促进厚壳的形成，同时加入 Ni 和 Mo 金属有利于薄壳的形成。

图 5-16 所示为以 Ni、Co、(Ni，Co)、(Ni，Mo) 为金属相的 TiB_2-HfN 陶瓷刀具材料的断口形貌。由图 5-16a 可见，TNN 陶瓷刀具材料的晶粒尺寸为 4～6μm，除去团聚的 HfN 晶粒外，其他晶粒分布相对均匀，且芯-壳结构明显，芯呈长条状，壳较薄。由图 5-16b 可见，TNC 陶瓷刀具材料的晶粒尺寸为 3～5μm，且材料中几乎不存在芯-壳结构；HfN 颗粒分布于晶界上，但一些 HfN 在晶界处发生了团聚。

由图 5-16c 可见，TNNC 陶瓷刀具材料的晶粒尺寸为 4～8μm，具有较多的粗大晶粒，微观组织不均匀，芯-壳结构明显，芯呈长条状，壳较厚。由图 5-16d 可见，TNNM 陶瓷刀具材料的晶粒尺寸为 1～3μm，平均晶粒尺寸最小，除去 HfN 团聚外，其他晶粒相对细小且分布均匀。由对抛光面的分析可知，TNNM 陶瓷刀具材料也存在芯-壳结构，但在此芯-壳结构不明显的主要原因是晶粒较小且壳较薄。由此可得，同时添加 Ni 和 Mo 更有利于抑制材料晶粒的长大，而同时添加 Ni 和 Co 难以起到抑制材料晶粒长大的作用。晶粒越小越有利于材料力学性能的提高。因此，同时添加 Ni 和 Mo 可使 TiB_2-HfN 陶瓷刀具材料具有较好的综合力学性能。

对比这四种陶瓷刀具材料断口中的晶粒形貌，TNC、TNNC 陶瓷刀具材料的断裂形式主要以沿晶断裂为主并伴有少量的穿晶断裂。由于 TNC 陶瓷刀具材料的晶粒较大，裂纹沿晶扩展时，其传播路径曲折，会消耗更多的裂纹扩展能，因而，此陶瓷刀具材料具有较高的断裂韧度；TNN、TNNM 陶瓷刀具材料的断裂均主要以穿晶断裂为主，并伴有少量的沿晶断裂。同时，这四种 TiB_2 - HfN 陶瓷刀具材料的断口上均有晶粒拔出留下的韧窝（如图 5-16 中方框所示），TNC、TNNC 陶瓷刀具材料断口上的韧窝较多，TNN 陶瓷刀具材料上的次之，TNNM 陶瓷刀具材料上的韧窝较少；在材料的断裂过程中，晶粒的拔出会消耗较多的断裂能，因而 TNC 和 TNNC 陶瓷刀具材料具有较高的断裂韧度，TNNM 陶瓷刀具材料具有较小的断裂韧度。

综上所述，同时添加 Ni 和 Mo 可获得晶粒更细小、微观组织更均匀且综合力学性能更好的 TiB_2 - HfN 陶瓷刀具材料。但 TNNM 陶瓷刀具材料的断裂韧度较低，因此有必要进一步提高其断裂韧度，一般可通过控制烧结工艺参数（如烧结温度和保温时间）来实现。

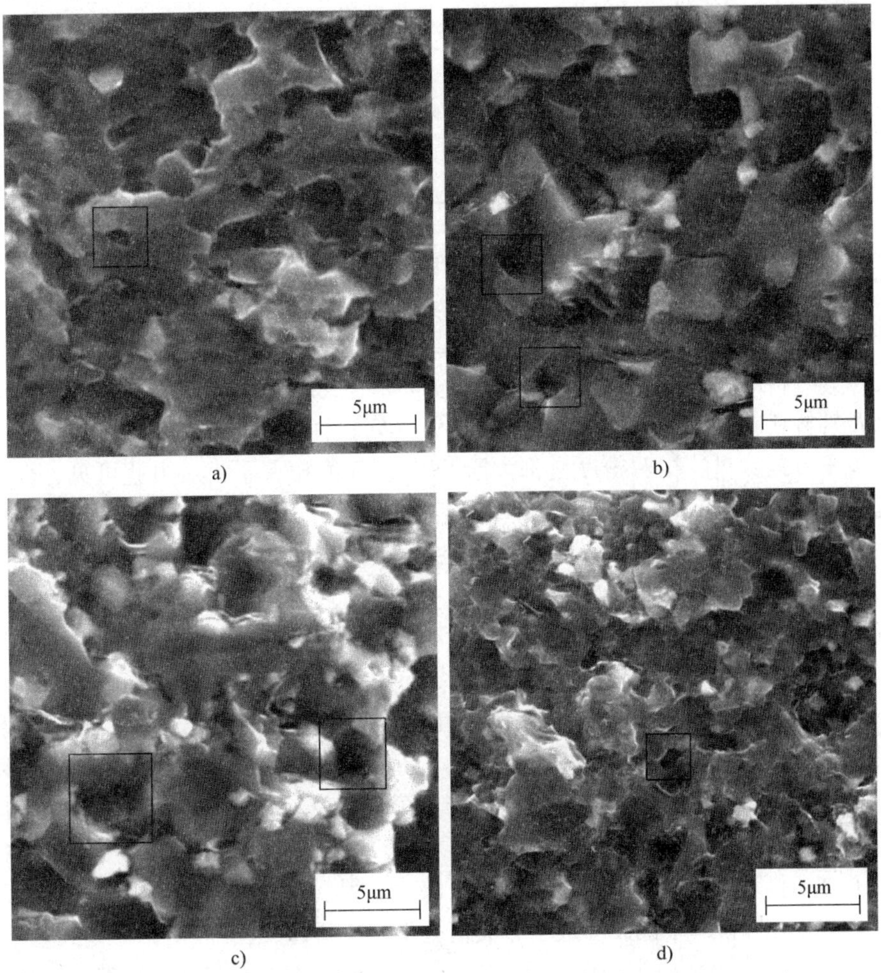

a)　b)　c)　d)

图 5-16　TiB_2 - HfN 陶瓷刀具材料的断口形貌

a）TNN　b）TNC　c）TNNC　d）TNNM

5.2.2 金属相对 TiB_2 – HfC 陶瓷刀具材料的影响

依据5.1.2节的研究，在HfC的质量分数为20%的基础上，进一步研究不同金属相Ni、Co、(Ni，Co)、(Ni，Mo) 对 TiB_2 – HfC 陶瓷刀具材料性能的影响，以获取 TiB_2 – HfC 陶瓷刀具材料具有相对较好综合力学性能时的金属相。同样采用真空热压烧结技术，利用控制变量法，在烧结温度为1650℃、保温时间为45min、烧结压力为30MPa下制备 TiB_2 – HfC 陶瓷刀具材料。表5-8列出了具有不同金属相的 TiB_2 – HfC 陶瓷刀具材料的组分及配比。

表5-8 具有不同金属相的 TiB_2 – HfC 陶瓷刀具材料的组分及配比（质量分数）(%)

试样	TiB_2	HfC	Ni	Co	Mo
TCN	72	20	8	—	—
TCC	72	20	—	8	—
TCNC	72	20	4	4	—
TCNM	72	20	4	—	4

1. 金属相对 TiB_2 – HfC 陶瓷刀具材料相对密度和力学性能的影响

图5-17所示为不同金属相Ni、Co、(Ni，Co)、(Ni，Mo) 对 TiB_2 – HfC 陶瓷刀具材料相对密度和力学性能的影响。由图5-17a可见，当金属相为Co时，TCC陶瓷刀具材料的相对密度最小，其值为98.8%；当金属相为(Ni，Co) 时，TCNC陶瓷刀具材料的相对密度最大，其值为99.6%；而当金属相为Ni和(Ni，Mo) 时，陶瓷刀具材料的相对密度也都大于99%，其值相差不大。由此可见，仅添加金属相Co不利于 TiB_2 – HfC 陶瓷刀具材料相对密度的提高，而同时添加金属Ni和Co对材料相对密度的提高要优于添加其他三种金属相。

图5-17b所示为不同金属相Ni、Co、(Ni，Co)、(Ni，Mo) 对 TiB_2 – HfC 陶瓷刀具材料硬度的影响。一般而言，硬度与材料的密度成一定的正相关关系，即材料的密度越高，其硬度也越高。对比图5-17a和b可知，金属相为Ni、(Ni，Co)、(Ni，Mo) 时，陶瓷刀具材料的硬度与相对密度有相同的变化规律；而金属相为Co时，陶瓷刀具材料的硬度 (19.77GPa) 高于金属相为Ni和(Ni，Mo) 的陶瓷刀具材料的硬度，但其相对密度最低。依据第2章表2–2可知，Co可能与 TiB_2 发生了反应，形成了 Co_2B 硬质相，提高了陶瓷刀具材料的维氏硬度。当金属相为(Ni，Co) 时，陶瓷刀具材料的维氏硬度最大，其值为20.35GPa；当金属相为Ni时，陶瓷刀具材料的维氏硬度最小，其值为16.87GPa。

图5-17c所示为不同金属相Ni、Co、(Ni，Co)、(Ni，Mo) 对 TiB_2 – HfC 陶瓷刀具材料抗弯强度的影响。当金属相为(Ni，Co) 时，陶瓷刀具材料的抗弯强度最大，其值为864.16MPa，其后依次为含(Ni，Mo)、Co、Ni金属相的陶瓷刀具材料的抗弯强度。当金属相为Ni时，陶瓷刀具材料的抗弯强度最小，其值为

768.21MPa。这表明（Ni，Co）可以较好地提高 TiB_2 - HfC 陶瓷刀具材料的抗弯强度。

图 5-17 所示为金属相 Ni、Co、（Ni，Co）、（Ni，Mo）对 TiB_2 - HfC 陶瓷刀具材料断裂韧度的影响。当金属相为 Ni 时，陶瓷刀具材料的断裂韧度有最大值，其值为 6.12MPa · $m^{1/2}$，其后依次为含 Co、（Ni，Mo）、（Ni，Co）金属相的陶瓷刀具材料的断裂韧度。当金属相为（Ni，Co）时，陶瓷刀具材料的断裂韧度最小，其值为 5.25MPa · $m^{1/2}$。

由上可知，当金属相为（Ni，Co）时，TiB_2 - HfC 陶瓷刀具材料具有相对较高的相对密度（99.6%）、维氏硬度（20.35GPa）和抗弯强度（864.16MPa）。虽然其断裂韧度（5.25MPa · $m^{1/2}$）较小，但也大于单相 TiB_2 陶瓷材料的断裂韧度（4.71MPa · $m^{1/2}$）[150]。总体来说，金属相（Ni，Co）比其他金属相可更好地提高 TiB_2 - HfC 陶瓷刀具材料的综合力学性能。此外，有关不同金属相对 TiB_2 - HfC 陶瓷刀具材料力学性能影响的内在机制，还应通过分析材料的微观特性来进一步揭示。

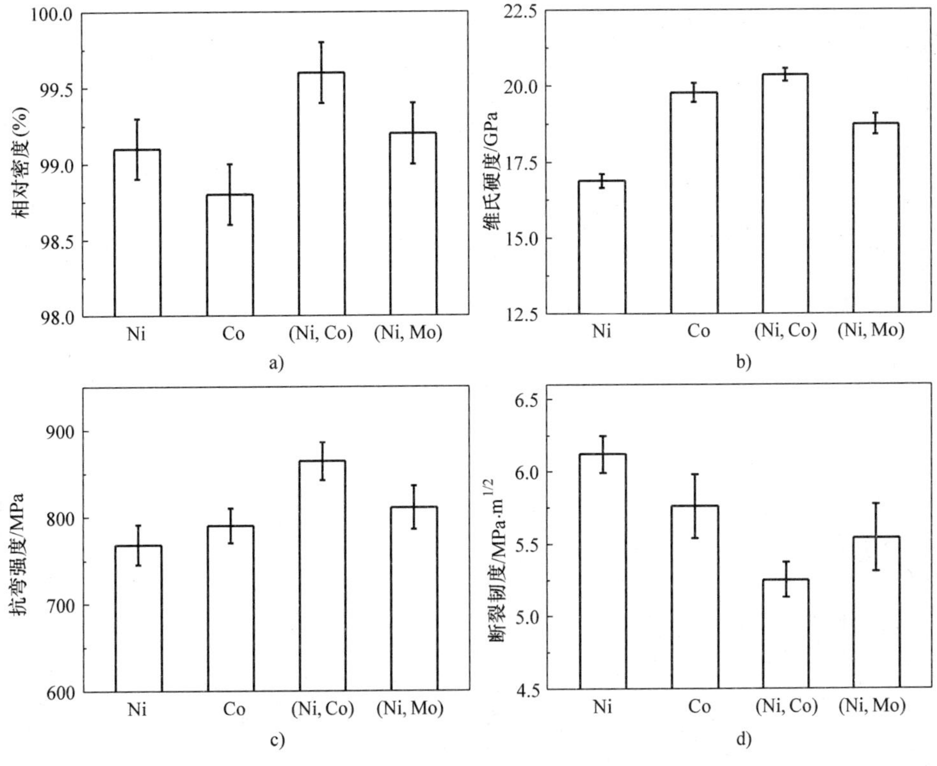

图 5-17　不同金属相对 TiB_2 - HfC 陶瓷刀具材料相对密度和力学性能的影响

a）相对密度　b）维氏硬度　c）抗弯强度　d）断裂韧度

2. 金属相对 TiB_2 - HfC 陶瓷刀具材料微观组织的影响

图5-18所示为 TiB_2 - HfC 陶瓷刀具材料的 XRD 图谱。由图5-18可见，TCN 陶瓷刀具材料主要由 TiB_2、HfC 和 Ni 组成；TCNC 陶瓷刀具材料主要由 TiB_2、HfC 和 Co 组成，还含有少量的 TiB 和 Co_2B；TCC 陶瓷刀具材料主要由 TiB_2、HfC、Ni 和 Co 组成，同样含有少量的 TiB 和 Co_2B；TCNM 陶瓷刀具材料主要由 TiB_2、HfC、Ni 和 Mo 组成，同时含有少量的 Ni_3Mo。由上可知，除了 TCN 陶瓷刀具材料的组分与烧结前材料的组分一致外，其他三种 TiB_2 - HfC 陶瓷刀具材料中都生成了少量的副产物。在 TCNC 和 TCC 陶瓷刀具材料中都有生成了 TiB 和 Co_2B，这表明在陶瓷刀具材料的烧结过程中，TiB_2 与 Co 发生了化学反应。在 TCNM 陶瓷刀具材料中发现了 Ni_3Mo，这表明在陶瓷刀具材料的烧结过程中，Ni 与 Mo 发生了化学反应。TiB、Co_2B 和 Ni_3Mo 这些副产物有利于 TiB_2 - HfC 陶瓷刀具材料力学性能的提高。

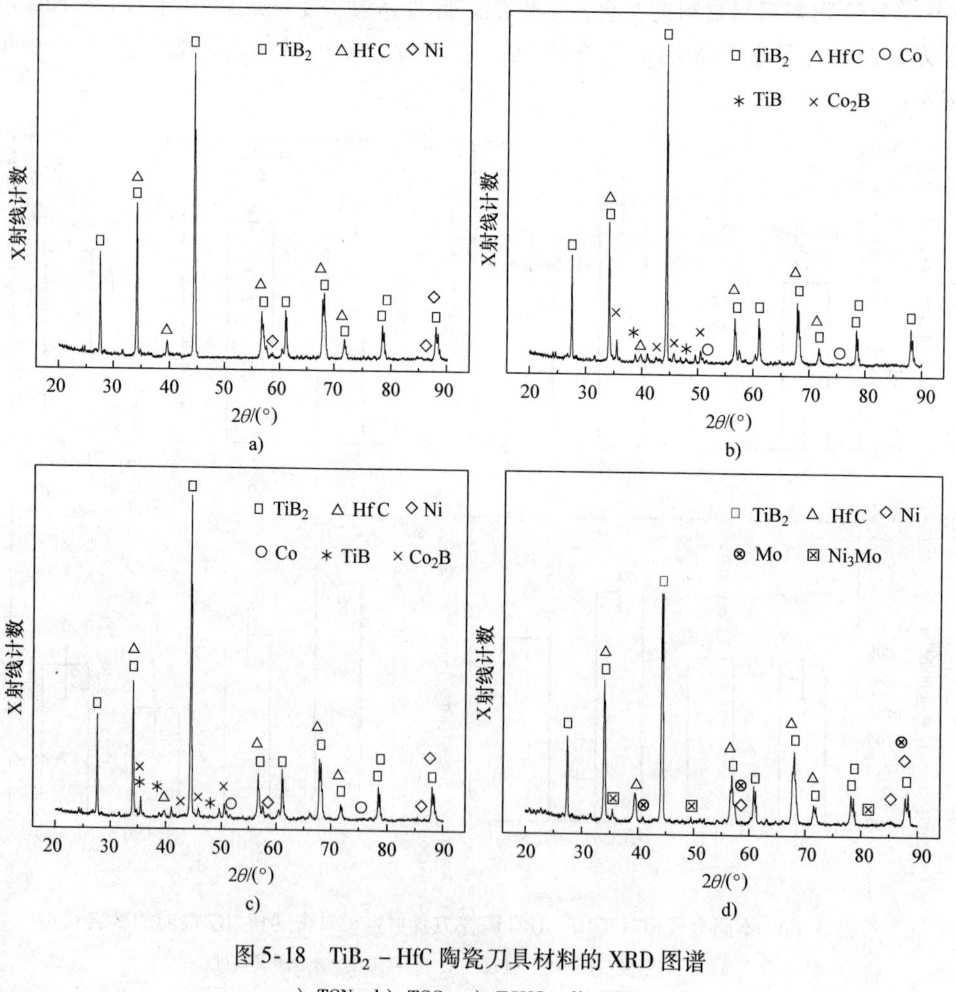

图5-18 TiB_2 - HfC 陶瓷刀具材料的 XRD 图谱

a) TCN b) TCC c) TCNC d) TCNM

由上可知，在 TCN、TCC、TCNC、TCNM 陶瓷刀具材料的烧结过程中，没有发生剧烈的化学反应，这符合复合材料的化学相容性原则。

图 5-19 所示为 TiB_2 – HfC 陶瓷刀具材料的抛光面形貌。由图 5-19 可见，TCN、TCC、TCNC、TCNM 陶瓷刀具材料的抛光面上都有芯 – 壳结构，TCNC 陶瓷刀具材料中的芯 – 壳数量最多，且芯多呈条带状，这有利于提高材料的抗弯强度。这四种陶瓷刀具材料的抛光面上都有凹坑和微孔洞，凹坑的形状与 HfC 颗粒的形状相似。由此可知，陶瓷刀具材料在磨削、研磨和抛光的过程中，HfC 颗粒发生了脱落，这是由于 HfC 颗粒与 TiB_2 及 HfC 颗粒间的黏结力弱或缺少黏结剂造成的。而微孔洞是在烧结过程中形成的，微孔洞的多少与材料间的润湿性及发生化学反应的程度有关。Ni 和 Co 在真空条件下对 TiB_2 的润湿性相当，而在真空条件下 Co 对

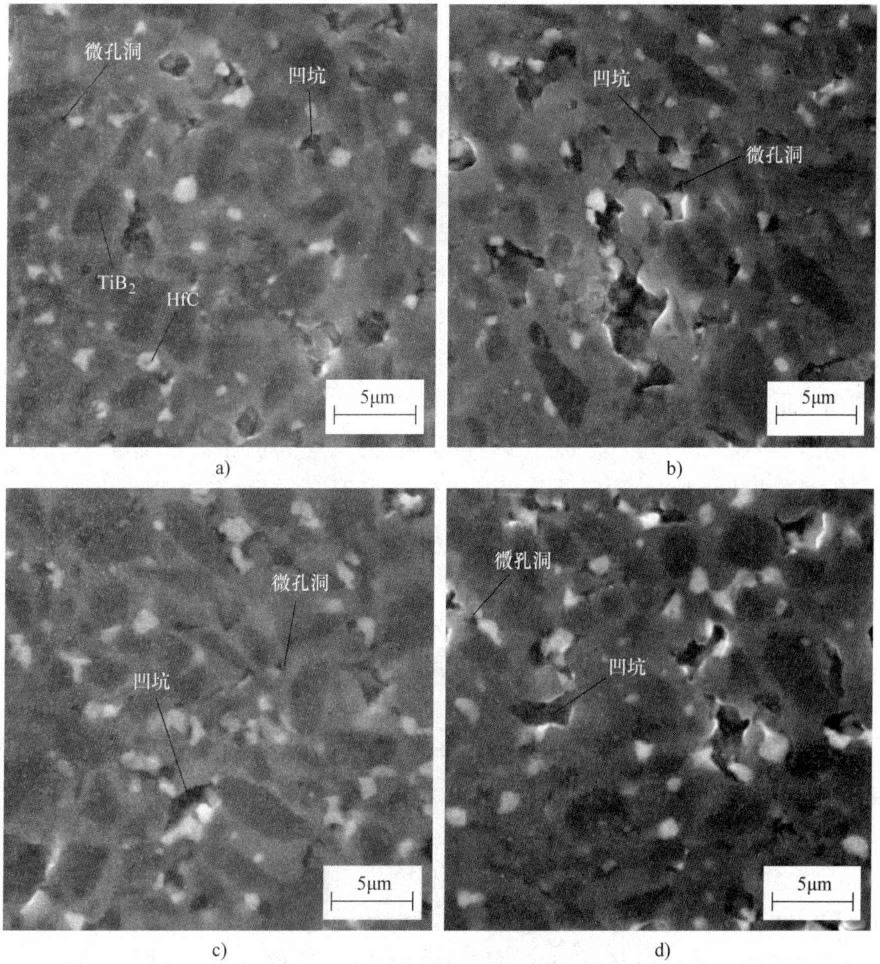

图 5-19　TiB_2 – HfC 陶瓷刀具材料的抛光面形貌

a) TCN　b) TCC　c) TCNC　d) TCNM

HfC 的润湿性比 Ni 对 HfC 的要好[16]。此外，Co 又会与 TiB_2 发生化学反应。

当金属相仅为 Co 时，由于 Co 含量多，增大了与 TiB_2 接触的概率，它们间的化学反应将增强。这样将会恶化陶瓷材料的晶界，在晶界处形成更多的微孔洞。因此，过度的化学反应是 TCC 陶瓷刀具材料微孔洞多、相对密度低的主要原因。

当金属相仅为 Ni 时，虽然 Ni 对 HfC 的润湿性不如 Co 对 HfC 的润湿性，在材料内部将会形成更多的微孔洞或其他缺陷，但不会与基体相、增强相发生化学反应，因此 TCN 陶瓷刀具材料的相对密度较 TCC 陶瓷刀具材料的要高。

当金属相为（Ni，Mo）时，虽然 Ni 和 Mo 会生成金属间化合物，但在它们共同的作用下会对 TiB_2 起到良好的润湿作用，因此 TCNM 陶瓷刀具材料的相对密度较高。对于金属相为（Ni，Co）来说，Ni 的熔点要比 Co 的低，在烧结过程中，将先形成 Ni 的液相，后形成 Co 的液相。在某种程度上，先形成的液相 Ni 将先与 TiB_2 接触，减少了 Co 液相的消耗，且 Co 对 HfC 又具有良好的润湿性，可以大量减少微孔洞的形成，因此 TCNC 陶瓷刀具材料具有较高的相对密度。

一般来说，材料的硬度受致密度和材料组分的影响较大，材料越致密，其硬度也越高；另外，材料内部的硬质相越多，材料的硬度也越高。当金属相为（Ni，Co）时，TCNC 陶瓷刀具材料的相对密度最大，且由物相分析可知，在烧结过程中，有 Co_2B 硬质相的生成，这是造成其硬度高的原因。当金属相为 Co 时，虽然所制备的 TCC 陶瓷刀具材料的相对密度较低，但在烧结过程中生成了大量的硬质相 Co_2B，有利于材料获得较高的硬度。当金属相分别为 Ni 和（Ni，Mo）时，致密度的高与低是影响其硬度的主要因素，材料的致密度越高，其表面抵抗嵌入力的破坏能力就越强，反之越低。由于 TCNM 陶瓷刀具材料的相对密度较 TCN 陶瓷刀具材料的高，所以 TCNM 陶瓷刀具材料的硬度较 TCN 陶瓷刀具材料的高。

图 5-20 所示为 TiB_2 – HfC 陶瓷刀具材料的断口形貌。由图 5-20 可见，在四种金属相的分别作用下，这四种陶瓷刀具材料中都有芯 – 壳结构形成，芯是 TiB_2 晶粒，壳是由 TiB_2、HfC 及其相应的金属相组成；这四种陶瓷刀具材料中 TCC 陶瓷刀具材料中的壳最厚，这表明仅添加 Co 会促进厚壳的形成，过厚的壳不利于材料力学性能的提高。这四种陶瓷刀具材料中，都存在 HfC 的颗粒弥散现象，TCN 和 TCNC 陶瓷刀具材料中的 HfC 颗粒分布相对均匀，少见团聚；而 TCC 和 TCNM 陶瓷刀具材料中的 HfC 颗粒分布不均匀，团聚现象严重，这不利于材料力学性能的提高。

综上所述，同时添加金属 Ni 和 Co 时，陶瓷刀具材料的芯 – 壳数量较多且分布均匀，HfC 颗粒弥散明显且团聚较少，同时少量的化学反应促进了强晶界的形成，因此 TCNC 陶瓷刀具材料具有较好的综合力学性能。但其断裂韧度相对较低，为了进一步提高其断裂韧度，可通过控制烧结工艺参数（如烧结温度和保温时间等）来实现。

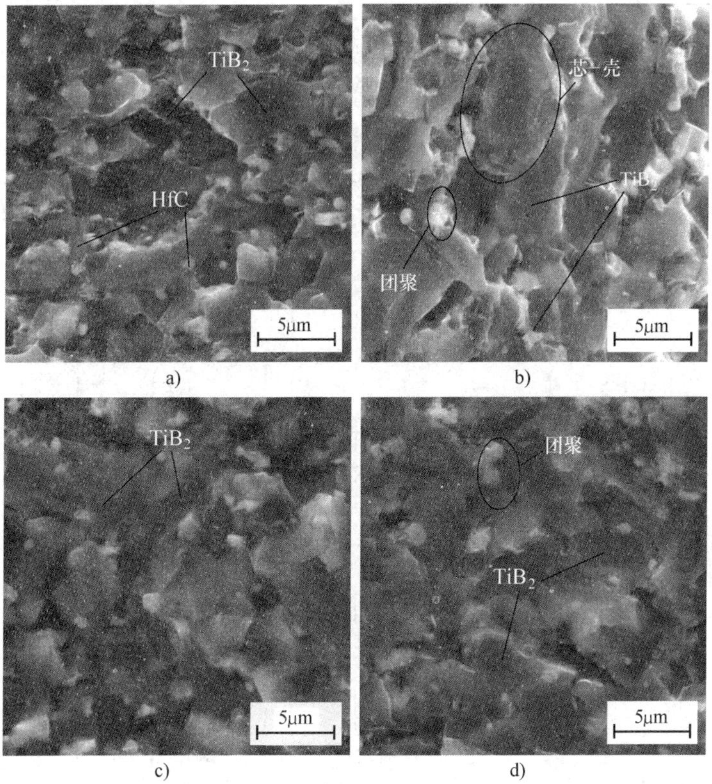

图 5-20　TiB_2 - HfC 陶瓷刀具材料的断口形貌

a）TCN　b）TCC　c）TCNC　d）TCNM

5.2.3　金属相对 TiB_2 - HfB_2 陶瓷刀具材料的影响

基于 5.1.3 节的研究，在 HfB_2 的质量分数为 20% 的基础上，进一步研究不同金属相 Ni、Co、(Ni，Co)、(Ni，Mo) 对 TiB_2 - HfB_2 陶瓷刀具材料力学性能和微观组织的影响，以获取 TiB_2 - HfB_2 陶瓷刀具材料具有相对较好综合力学性能时的金属相。同样采用真空热压烧结技术，利用控制变量法，在烧结温度为 1650℃、保温时间为 30min、烧结压力为 30MPa 的条件下制备 TiB_2 - HfB_2 陶瓷刀具材料。表 5-9 列出了具有不同金属相的 TiB_2 - HfB_2 陶瓷刀具材料的组分及配比。

表 5-9　具有不同金属相的 TiB_2 - HfB_2 陶瓷刀具材料的组分及配比（质量分数）(%)

试样	TiB_2	HfB_2	Ni	Co	Mo
TBN	72	20	8	—	—
TBC	72	20	—	8	—
TBNC	72	20	4	4	—
TBNM	72	20	4	—	4

1. 金属相对 TiB_2-HfB_2 陶瓷刀具材料相对密度和力学性能的影响

图5-21所示不同金属相对 TiB_2-HfB_2 陶瓷刀具材料的相对密度和力学性能的影响。由图5-21a可见，TBN和TBNC陶瓷刀具材料的相对密度较高，其值分别为99.3%和99.2%，TBC陶瓷刀具材料的相对密度为99.1%，TBNM陶瓷刀具材料的相对密度最低，其值为98.9%。由此可见，金属Ni和（Ni，Co）对 TiB_2-HfB_2 陶瓷刀具材料相对密度的提高优于Co和（Ni，Mo）。

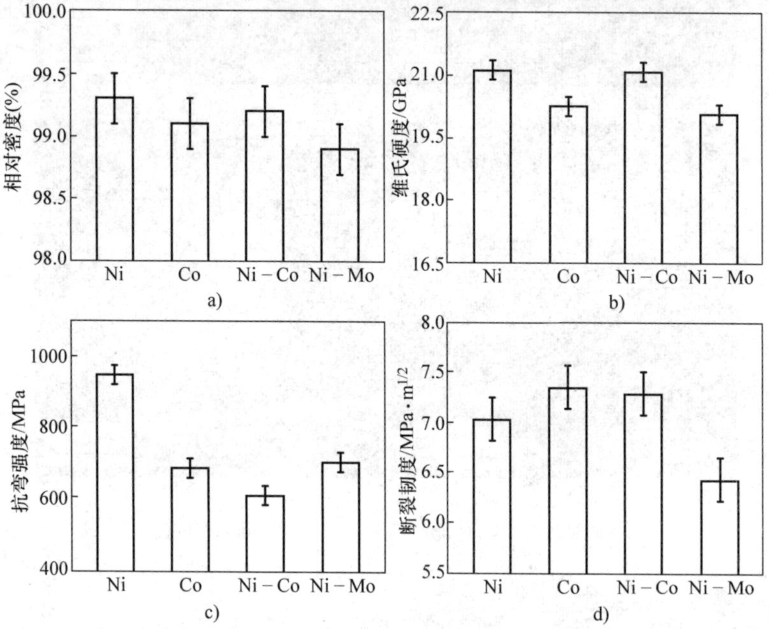

图5-21　不同金属相对 TiB_2-HfB_2 陶瓷刀具材料相对密度和力学性能的影响

a）相对密度　b）维氏硬度　c）抗弯强度　d）断裂韧度

由图5-21b可见，TBN和TBNC陶瓷刀具材料的维氏硬度较高，其值分别为21.12GPa和21.06GPa，TBC陶瓷刀具材料的维氏硬度为20.28GPa，TBNM陶瓷刀具材料的维氏硬度最低，其值为20.06GPa。由此可见，金属Ni和（Ni，Co）对 TiB_2-HfB_2 陶瓷刀具材料维氏硬度的提高优于金属Co和（Ni，Mo），而Ni与（Ni，Co）对 TiB_2-HfB_2 陶瓷刀具材料维氏硬度的提高相差不大。

由图5-21c可见，TBN刀具的抗弯强度最高，其值为949.46MPa，TBC陶瓷刀具材料的抗弯强度为685.11MPa，TBNC陶瓷刀具材料的抗弯强度为610.67MPa，TBNM陶瓷刀具材料的抗弯强度为702.03MPa。由此可见，金属Ni在提高 TiB_2-HfB_2 陶瓷刀具材料抗弯强度方面远优于金属Co、（Ni，Co）、（Ni，Mo）。

由图5-21d可见，TBC和TBNC陶瓷刀具材料的断裂韧度较高，其值分别为 $7.35MPa\cdot m^{1/2}$ 和 $7.29MPa\cdot m^{1/2}$，TBN陶瓷刀具材料的断裂韧度略低，其值为 $7.03MPa\cdot m^{1/2}$，TBNM陶瓷刀具材料的断裂韧度最低，其值为 $6.42MPa\cdot m^{1/2}$。

由此可见，金属 Co 和（Ni，Co）在提高 TiB_2-HfB_2 陶瓷刀具材料断裂韧度方面略优于金属 Ni 和（Ni，Mo）。

由以上可知，金属 Ni 在对 TiB_2-HfB_2 陶瓷刀具材料综合力学性能的提高方面要优于金属 Co、（Ni，Co）、（Ni，Mo）。有关金属相对 TiB_2-HfB_2 陶瓷刀具材料力学性能影响的内在机制，还应通过分析材料的微观特性来进一步揭示。

2. 金属相对 TiB_2-HfB_2 陶瓷刀具材料微观组织的影响

图 5-22 所示为具有不同金属相的 TiB_2-HfB_2 陶瓷刀具材料的 XRD 图谱。由图 5-22a 可见，TBN 陶瓷刀具材料由 TiB_2、HfB_2 和 Ni 组成，与烧结前材料的组分一致。这表明在烧结的过程中没有发生化学反应，这符合复合材料的化学相容性。

由图 5-22b 可见，TBC 陶瓷刀具材料由 TiB_2、HfB_2、Co、TiB 和 Co_2B 组成。由图 5-22c 可见，TBNC 陶瓷刀具材料由 TiB_2、HfB_2、Ni、Co、TiB 和 Co_2B 组成。由此可见，在 TBC 和 TBNC 陶瓷刀具材料的烧结过程中生成了少量的副产物 TiB 和 Co_2B，这表明在 TBC 和 TBNC 刀具材料的烧结过程中发生了较为轻微的化学反应，这符合复合材料的化学相容性。

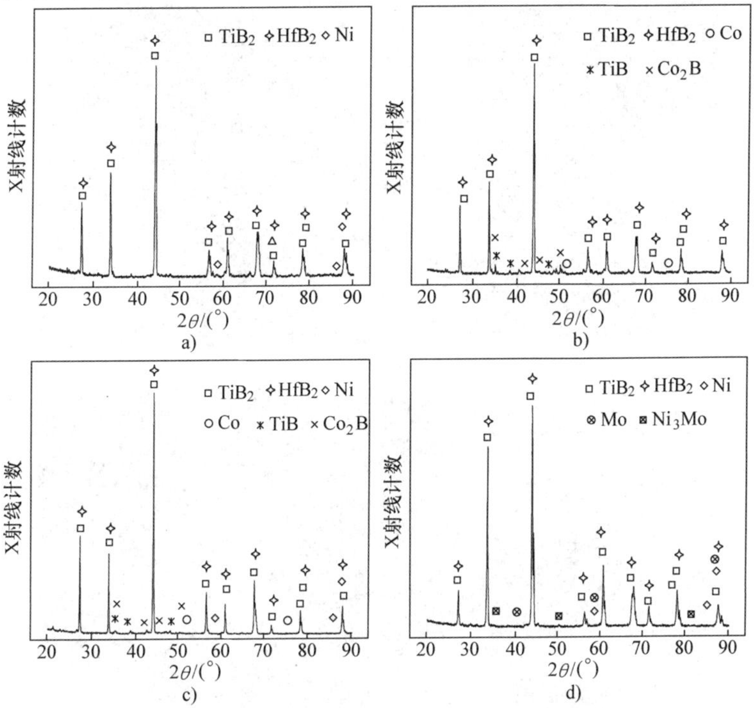

图 5-22　TiB_2-HfB_2 陶瓷刀具材料的 XRD 图谱

a）TBN　b）TBC　c）TBNC　d）TBNM

由图 5-22d 可见，TBNM 陶瓷刀具材料由 TiB_2、HfB_2、Ni、Mo 和 Ni_3Mo 组成，有少量的副产物 Ni_3Mo 生成。这表明烧结过程中发生了轻微的化学反应，这符合复合材料的化学相容性。

图5-23所示为具有不同金属相的TiB_2 – HfB_2陶瓷刀具材料的抛光面形貌。对比图5-23a与b可见，TBN陶瓷刀具材料的中的黑色相TiB_2占比多，TBC陶瓷刀具材料中黑色相TiB_2占比少且凹坑大、数量较多。这表明在研磨抛光过程中TBC陶瓷刀具材料脱落下较多的大晶粒，大晶粒间的结合强度较弱，材料在受到外力作用时，更容易断裂。对比图5-23a与c可见，同时添加金属Ni和Co后，TBNC陶瓷刀具材料中的黑色相TiB_2数量较少且凹坑较多。这表明在研磨抛光过程中TBNC陶瓷刀具材料的晶粒易脱落，TBNC陶瓷刀具材料的晶粒结合强度小于TBN刀具材料。对比图5-23b与c可见，同时添加金属Ni和Co后，TBNC陶瓷刀具材料中的凹坑较小。这表明在研磨抛光过程中TBNC陶瓷刀具材料脱落的晶粒比TBC陶瓷刀具材料脱落的晶粒小。对比图5-23a与d可见，同时添加金属Ni和Mo后，TB-NM陶瓷刀具材料中的凹坑较多，黑色相TiB_2晶粒较大且数量较多。由上可知，与仅添加金属Ni相比，仅添加金属Co后陶瓷刀具材料抛光面上的凹坑较大，同时添加金属Ni和Co后陶瓷刀具材料抛光面上的凹坑较多。由此可见，添加金属Co不利于TiB_2 – HfB_2陶瓷刀具材料获得较好的抛光面，且不利于提高材料的晶界强度。

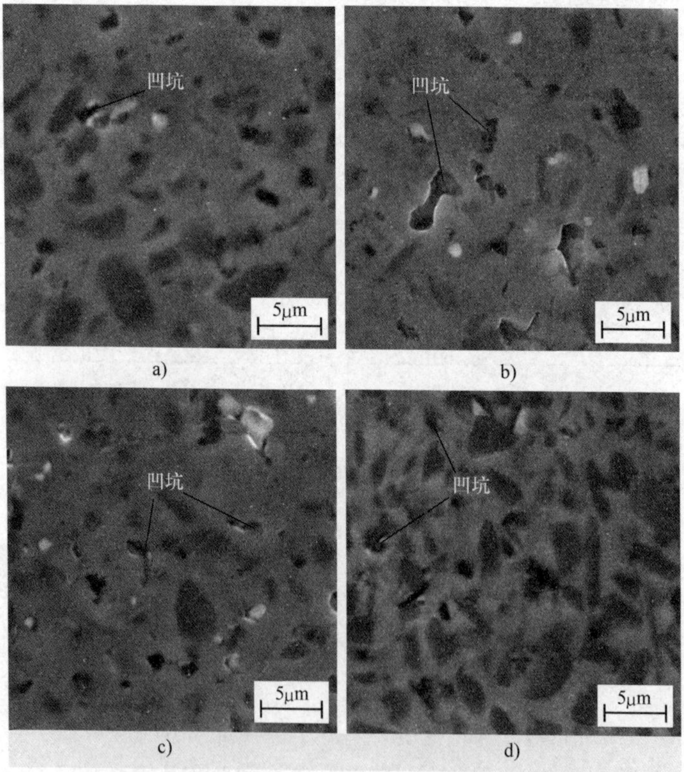

图5-23　TiB_2 – HfB_2陶瓷刀具材料的抛光面形貌

a) TBN　b) TBC　c) TBNC　d) TBNM

图 5-24 所示为具有不同金属相的 TiB_2-HfB_2 陶瓷刀具材料的断口形貌。对比图 5-24a 与 b 可见，添加金属 Co 比添加金属 Ni 获得的陶瓷刀具材料的晶粒明显大；对比图 5-24a 与 c 可见，同时添加金属 Co 和 Ni 比仅添加金属 Ni 获得的陶瓷刀具材料的晶粒大。由此可见，金属 Co 促进了材料晶粒的长大，这不利于材料抗弯强度的提高，因此 TBC 和 TBNC 陶瓷刀具材料的抗弯强度相对较低。相比而言，TBN 陶瓷刀具材料断口上有较多晶粒拔出留下的韧窝（如图 5-24a 中方框所示），这会消耗更多的断裂能，因此 TBN 陶瓷刀具材料具有更高的抗弯强度；而 TBC、TBNC、TBNM 陶瓷刀具材料断口上的韧窝相对较少，晶粒较大，断面相对平整，因而 TBC、TBNC、TBNM 陶瓷刀具材料的抗弯强度均小于 TBN 陶瓷刀具材料。由图 5-24d 可见，与其他三种陶瓷刀具材料相比，TBNM 陶瓷刀具材料具有明显的芯－壳结构，但其晶粒较大，且致密度较低，因此 TBNM 陶瓷刀具材料的硬度和断裂韧度较低。

综上可知，以 Ni、Co、（Ni，Co）、（Ni，Mo）为金属相的 TiB_2-HfB_2陶瓷刀具材料的晶粒大小、微观形貌各有差异。相比而言，TBN 陶瓷刀具材料的晶粒较小且分布均匀，晶界强度较高，断口形貌较好，因此其具有相对较好的综合力学性能。

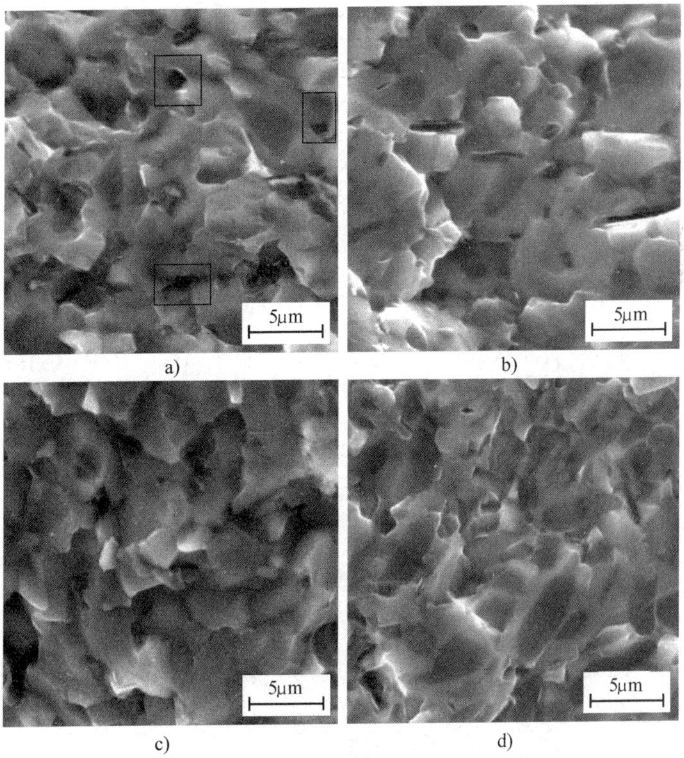

图 5-24　TiB_2-HfB_2陶瓷刀具材料的断口形貌

a）TBN　b）TBC　c）TBNC　d）TBNM

5.3 烧结温度对 TiB_2基陶瓷刀具材料的影响

5.3.1 烧结温度对 TiB_2 - HfN 陶瓷刀具材料的影响

基于5.1.1节和5.2.1节的研究，在HfN的质量分数为10%和金属相为（Ni，Mo）的基础上，本节进一步研究烧结温度（1500℃、1550℃、1600℃、1650℃）对 TiB_2 - HfN 陶瓷刀具材料力学性能和微观组织的影响，以获取 TiB_2 - HfN 陶瓷刀具材料具有较好综合力学性能时的烧结温度。同样采用真空热压烧结技术，利用控制变量法，在保温时间为30min和烧结压力为30MPa的条件下制备 TiB_2 - HfN 陶瓷刀具材料。TiB_2 - HfN 陶瓷刀具材料的组分及配比（质量分数）为：$TiB_2$82%，HfN 10%，Ni 4%，Mo 4%。

1. 烧结温度对 TiB_2 - HfN 陶瓷刀具材料力学性能的影响

图5-25 所示为烧结温度对 TiB_2 - HfN - Ni - Mo 陶瓷刀具材料相对密度和力学性能的影响。由图5-25a可见，随着烧结温度由1500℃升高到1650℃，材料的相对密度由98.7%提高到99.1%，且在烧结温度由1500℃升高到1550℃时，材料的相对密度有了较大提高，达到了99.0%。这表明在烧结温度达到1550℃时材料已经具有了较

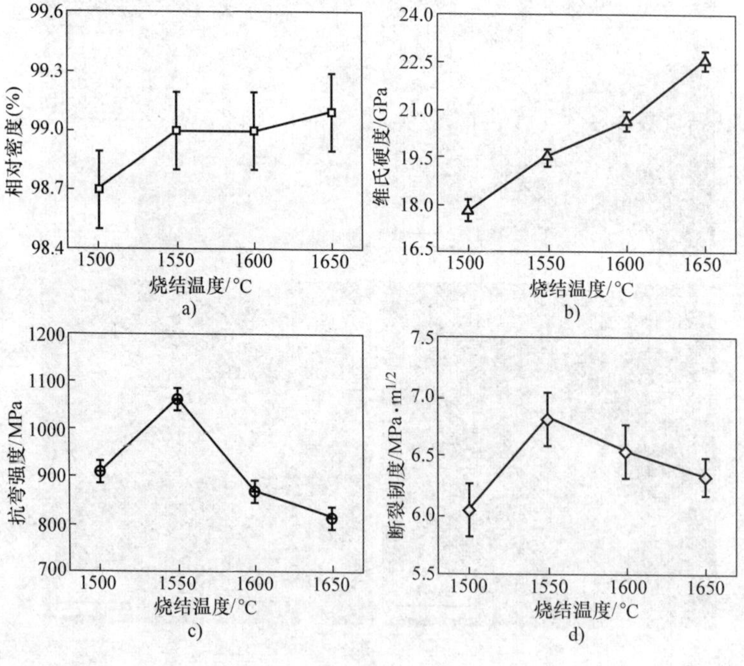

图5-25 烧结温度对 TiB_2 - HfN - Ni - Mo 陶瓷刀具材料相对密度和力学性能的影响

a）相对密度 b）维氏硬度 c）抗弯强度 d）断裂韧度

高的致密度。由图 5-25b 可见，随着烧结温度的升高，材料的维氏硬度由 18.21GPa 提高到 22.59GPa，涨幅较为显著。这表明烧结温度对材料硬度的影响较为明显。

由图 5-25c 和 d 可见，随着烧结温度的升高，材料的抗弯强度和断裂韧度都是先增大后减小，在烧结温度为 1550℃时，达到最大值，其值分别为 1062.39MPa 和 6.81MPa · $m^{1/2}$，且在烧结温度由 1500℃升高到 1550℃时，材料的抗弯强度和断裂韧度增幅较大。总之，在烧结温度由 1500℃升高到 1550℃时，材料的硬度、抗弯强度和断裂韧度都有了大幅度的提高，这主要得益于此阶段材料相对密度的明显提高；在烧结温度由 1550℃升高到 1650℃时，有利于材料致密度和硬度的进一步提高，却不利于抗弯强度和断裂韧度的提高。由此可见，当烧结温度达到 1550℃后，继续升高烧结温度将不利于材料综合力学性能的继续提高。由上可知，在 1550℃下制备的 TiB_2 – HfN – Ni – Mo 陶瓷刀具材料具有较好的综合力学性能：维氏硬度为 19.52GPa，抗弯强度为 1062.39MPa，断裂韧度为 6.81MPa · $m^{1/2}$。为了进一步揭示烧结温度对陶瓷刀具材料性能的影响，还需对 TiB_2 – HfN 陶瓷刀具材料的微观组织进行分析。

2. 烧结温度对 TiB_2 – HfN 陶瓷刀具材料微观组织的影响

图 5-26 所示为不同烧结温度下烧结后的 TiB_2 – HfN – Ni – Mo 陶瓷刀具材料的断口形貌。由图 5-26a 可见，当烧结温度为 1500℃时，材料中有较多的微孔洞（如图 5-26a 中箭头所示）及团聚（如图 5-26a 中方框所示）。因此，在 1500℃下获得材料的相对密度较低，致密性较差。由于烧结温度低，液相流动较慢，且 TiB_2的自扩散系数较低，材料的溶解及晶界的移动较为缓慢，材料的晶界处易形成微孔洞，这会削弱晶粒间的结合强度，不利于材料力学性能的提高。由于低温下原子扩散速度缓慢，HfN 与基体材料不能够快速地进行融合，同时由于 HfN 的粒径小，比表面积大，化学活性高，导致了 HfN 颗粒的团聚，大量的团聚使得材料的微观组织不均匀。由此可知，较多的微孔洞及团聚是 1500℃下所制备的 TiB_2 – HfN – Ni – Mo 陶瓷刀具材料力学性能较差的主要原因。

由图 5-26b 可见，当烧结温度升高到 1550℃时，材料中的微孔洞和团聚明显减少，晶粒相对细小且分布均匀。在 1550℃下烧结时，由于烧结温度升高，液相的流动和原子的扩散速度加快，材料中的孔隙被小颗粒及时填充，微孔洞明显减少，同时原子间的相互扩散使得晶粒间的结合强度增强，从而使材料获得了相对均匀致密的微观组织和良好的力学性能。

由图 5-26c 和 d 可见，当烧结温度升高到 1600℃和 1650℃时，材料中的晶粒逐渐变大且团聚（如图 5-26c 和 d 中方框所示）又增多。当烧结温度由 1550℃升高到 1650℃时，液相的流动和原子的扩散速度进一步加快，材料中的孔隙得到及时填充，材料的致密度和硬度有了进一步的提高；同时，陶瓷相颗粒的溶解 – 析出过程加快，晶粒逐渐长大，大晶粒不利于材料抗弯强度的提高。因此，在烧结温度超过 1550℃后，晶粒的长大及 HfN 团聚不利于 TiB_2 – HfN – Ni – Mo 陶瓷刀具材料综合力学性能的进一步提高。

图 5-26　TiB_2 – HfN – Ni – Mo 陶瓷刀具材料的断口形貌

a）1500℃　b）1550℃　c）1600℃　d）1650℃

综上所述，当烧结温度低于 1550℃时，微孔洞和团聚是制约 TiB_2 – HfN – Ni – Mo 陶瓷刀具材料性能提高的主要因素；当烧结温度高于 1550℃时，大晶粒和团聚是制约材料性能提高的主要因素；而当烧结温度为 1550℃时，材料具有均匀致密的微观组织，这是其获得较好综合力学性能的主要因素。

5.3.2　烧结温度对 TiB_2 – HfC 陶瓷刀具材料的影响

基于 5.1.2 节和 5.2.2 节的研究，在 HfC 的质量分数为 20% 和金属相为（Ni，Co）的基础上，进一步研究烧结温度（1500℃、1550℃、1600℃、1650℃）对 TiB_2 – HfC 陶瓷刀具材料力学性能和微观组织的影响，以获取 TiB_2 – HfC 陶瓷刀具材料具有相对较好综合力学性能时的烧结温度。同样采用真空热压烧结技术，利用控制变量法，在保温时间为 45min 和烧结压力为 30MPa 的条件下制备 TiB_2 – HfC 陶瓷刀具材料。TiB_2 – HfC 陶瓷刀具材料的组分及配比（质量分数）为：TiB_2 72%，HfC 20%，Ni 4%，Co4 %。

1. 烧结温度对 TiB_2 – HfC 陶瓷刀具材料相对密度和力学性能的影响

图 5-27 所示为烧结温度对 TiB_2 – HfC – Ni – Co 陶瓷刀具材料相对密度和力学

性能的影响。由图 5-27a 和 b 可见，随着烧结温度的升高，材料的相对密度和硬度逐渐增大，在烧结温度为 1500℃、1550℃、1600℃和 1650℃下所制备的材料的相对密度分别为 99.0%、99.3%、99.5%和 99.6%，维氏硬度分别为 16.52GPa、17.43GPa、19.22GPa 和 20.35GPa。这表明在烧结过程中，提高烧结温度可以提高材料的致密度和硬度。此外，一般而言，硬度与材料的密度成一定的正相关关系，即材料的密度越高，其硬度也越高。由图 5-27a 和 b 可见，材料的相对密度和硬度随温度变化的趋势一致。这表明致密度是影响材料硬度提高的主要因素。

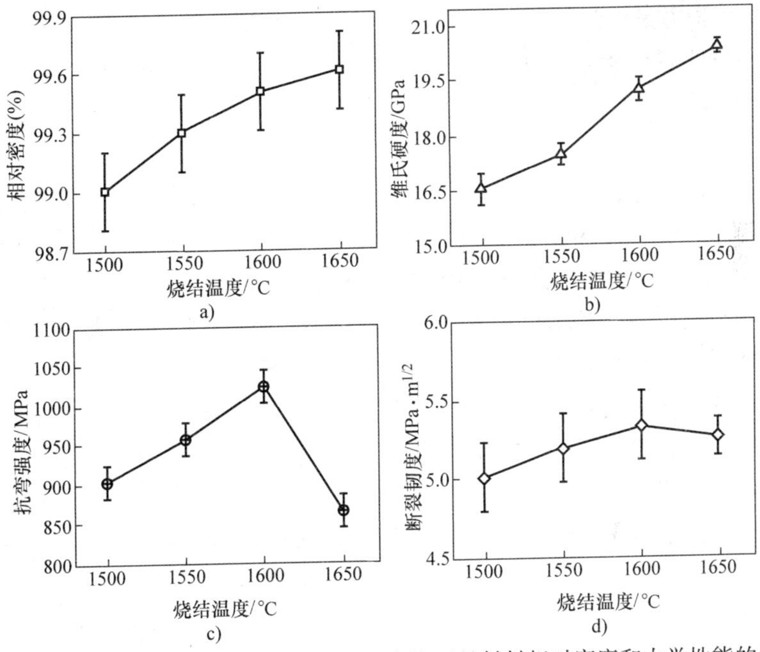

图 5-27　烧结温度对 $TiB_2-HfC-Ni-Co$ 陶瓷刀具材料相对密度和力学性能的影响

a）相对密度　b）维氏硬度　c）抗弯强度　d）断裂韧度

由图 5-27c 可见，随着烧结温度的升高，材料的抗弯强度先逐渐增大后急剧减小，当烧结温度为 1600℃时，材料的抗弯强度最大，其值为 1023.02MPa，不仅大于单相 TiB_2陶瓷材料的抗弯强度（538MPa）[152]，而且还大于 TiB_2-SiC 陶瓷刀具材料的抗弯强度（704MPa）[42]。由图 5-27d 可见，随着烧结温度的升高，材料的断裂韧度先增大后减小，其与抗弯强度的变化趋势相似，当烧结温度为 1600℃时，材料的断裂韧度最大，其值为 5.32MPa · $m^{1/2}$，不仅大于单相 TiB_2陶瓷材料的断裂韧度（4.71MPa · $m^{1/2}$）[150]，而且还大于 TiB_2-SiC 陶瓷刀具材料的断裂韧度（4.75MPa · $m^{1/2}$）[170]。

由上可知，虽然当烧结温度为 1650℃时，$TiB_2-HfC-Ni-Co$ 陶瓷刀具材料的相对密度和硬度具有最大值，但在烧结温度为 1650℃下所获得的材料的抗弯强度和断裂韧度相对较低；而当烧结温度为 1600℃时，材料的抗弯强度和断裂韧度具有最大值，且其相对密度和硬度也较高。基于以提高 TiB_2 陶瓷材料的抗弯强度和断裂韧度为目标，综上可知，当烧结温度为 1600℃时，可制备出综合力学性能较好的陶瓷刀具材料，其性能分别是：相对密度为 99.5%，硬度为 19.22GPa，抗弯强度为 1023.02MPa，断裂韧度为 5.32MPa · $m^{1/2}$。为了进一步揭示烧结温度对陶瓷刀具材料性能的影响，还需对 TiB_2－HfC 陶瓷刀具材料的微观组织进行分析。

2. 烧结温度对 TiB_2－HfC 陶瓷刀具材料微观组织的影响

图 5-28 所示为烧结温度分别为 1500℃、1550℃、1600℃和 1650℃时所制备的 TiB_2－HfC 陶瓷刀具材料的断口形貌。由图 5-28 可见，一些条带状 TiB_2 晶粒错综地分布在陶瓷刀具材料中，HfC 以颗粒弥散的形式存在于陶瓷刀具材料中。当烧结温度为 1500℃和 1550℃时，HfC 颗粒易团聚；当烧结温度为 1600℃和 1650℃时，HfC 颗粒少见团聚。

在图 5-28 中，烧结温度依次由低至高所对应的 TiB_2 晶粒的尺寸分别约为 2.5μm、3μm、4μm 和 6μm，所对应的 HfC 颗粒的尺寸分别约为 0.8μm、1μm、1.2μm 和 1.5μm。这表明随着烧结温度的升高，TiB_2 晶粒及 HfC 颗粒的尺寸不断增大。大晶粒会削弱材料的抗弯强度，一般来说，随着晶粒的变大，材料的抗弯强度将逐渐下降，依据材料中的晶粒和颗粒的尺寸随温度升高都不断变大，可推断出材料的抗弯强度应逐渐降低；而由图 5-27c 可知，随温度的升高，材料的抗弯强度先升高后降低，这表明还存在其他因素影响着材料的抗弯强度。由图 5-28a ~ c 可知，在 1500 ~ 1600℃范围内，当烧结温度较低时，TiB_2 和 HfC 颗粒都较小。这意味着在烧结过程要实现金属相全包覆基体晶粒和 HfC 颗粒将需要更多的金属液相，由于金属相的含量一定，一些基体晶粒间、HfC 颗粒间或基体晶粒与 HfC 颗粒间将无法实现液相烧结，将以固相烧结的方式完成烧结过程，易造成团聚现象的发生，最终它们间将形成弱晶界，这些弱晶界将使材料的抗断裂能力减小。随着烧结温度的升高，TiB_2 晶粒和 HfC 颗粒逐渐长大，在单位体积内，它们的表面也逐渐减小，所需要的液相也随之减少，即在一定的金属相含量下，TiB_2 晶粒和 HfC 颗粒可逐渐实现金属液相的全包覆；同时 TiB_2 晶粒和 HfC 颗粒将各自融合长大，减少团聚现象的发生，最终它们间将形成强晶界，从而提高了材料的抗断裂能力。因此，在 1500 ~ 1600℃范围内所制备的 TiB_2－HfC 陶瓷刀具材料的抗弯强度将随烧结温度的升高而逐渐增大。当烧结温度为 1650℃时，由图 5-28d 可知，TiB_2 晶粒和 HfC 颗粒有了较大的生长，这时晶粒的尺寸效应对材料抗弯强度的影响将占主导地位，即在 1650℃下所制备的 TiB_2－HfC－Ni－Co 陶瓷刀具材料的抗弯强度将减小。由图 5-27d 可知，当烧结温度为 1650℃时，陶瓷刀具材料的断裂韧度开始下降。这是由于随着温度的升高，TiB_2 晶粒进行了充分的长大，其抵抗裂纹扩展的能力下降，易于发生穿晶断裂导致裂纹路径增长，最终使材料的断裂韧度下降。

综上所述，随着烧结温度的升高，TiB_2－HfC－Ni－Co 陶瓷刀具材料的组分在

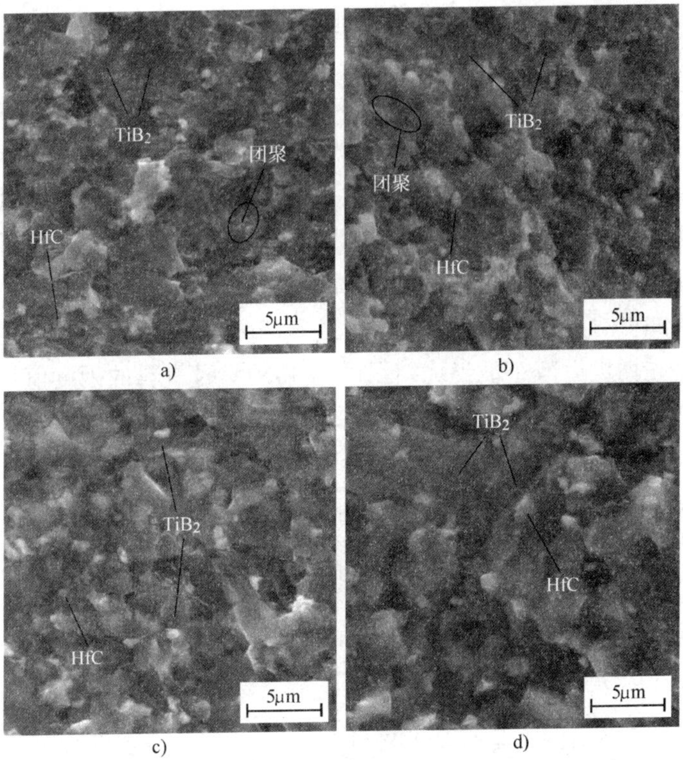

图5-28 TiB_2 - HfC - Ni - Co陶瓷刀具材料的断口形貌

a）1500℃ b）1550℃ c）1600℃ d）1650℃

烧结过程中发生了由液固相共存烧结机制到液相烧结机制的转变，在此转变过程中，TiB_2晶粒间、TiB_2晶粒与HfC颗粒间以及HfC颗粒间所形成的空隙也将逐渐被金属液相所填充，进而使材料的相对密度逐渐增大。在此过程中，晶粒间以及其与HfC颗粒间将形成强晶界结合，高的致密度和强晶界将共同作用，有效抵制嵌入压力对材料表面的破坏，将形成较小的压痕，进而使材料的硬度逐渐提高。此外，随着烧结温度的升高，液相增多，材料中反应生成物的量也将增多，这些生成物具有较高的硬度，也有利于材料硬度的提高。同时，随着烧结温度的升高，材料的高密度和强晶界将有利于刀具材料抗弯强度和断裂韧度的提高；但当温度过高时，晶粒的过度长大，不利于材料力学性能的提高。

5.3.3 烧结温度对TiB_2 - HfB_2陶瓷刀具材料的影响

基于5.1.3节和5.2.3节的研究，在HfB_2的质量分数为20%和金属相为Ni的基础上，本节进一步研究烧结温度（1500℃、1550℃、1600℃、1650℃）对TiB_2 - HfB_2陶瓷刀具材料力学性能和微观组织的影响，以获取TiB_2 - HfB_2陶瓷刀具材料具有相对较好综合力学性能时的烧结温度。同样采用真空热压烧结技术，利用控制变量法，在保温时间为30min和烧结压力为30MPa的条件下制备TiB_2 - HfB_2陶瓷刀具材料。TiB_2 - HfB_2陶瓷刀具材料的组分及配比（质量分数）为：TiB_2 72%，HfB_2 20%，Ni8 %。

1. 烧结温度对 TiB_2 - HfB_2陶瓷刀具材料相对密度和力学性能的影响

图 5-29 所示为烧结温度对 TiB_2 - HfB_2 - Ni 陶瓷刀具材料相对密度和力学性能的影响。由图 5-29a 可见，随着烧结温度由 1500℃升高到 1650℃，材料的相对密度均保持在 99% 以上。这表明在烧结温度达到 1500℃后，材料可获得较好的致密性。在烧结温度为 1550℃时获得的相对密度最高，其值为 99.5%。这表明在 1550℃下制备的材料具有高的致密度。由图 5-29b 可见，随着烧结温度的升高，材料的维氏硬度先增大后减小，当烧结温度为 1550℃时材料的硬度值最大，硬度值保持在 21 ~ 22GPa 之间，变化幅度不大。这表明在 1500 ~ 1650℃范围内，改变烧结温度对材料硬度的影响较小。

由图 5-29c 可见，随着烧结温度的升高，材料的抗弯强度由 1155.95MPa 降低至 949.46MPa，在烧结温度由 1500℃升高至 1550℃时，材料的抗弯强度由 1155.95MPa 降至 986.34MPa，降低了约 15%，降幅较大。由图 5-29d 可见，随着烧结温度的升高，材料的断裂韧度由 8.04MPa · $m^{1/2}$ 降低至 7.03MPa · $m^{1/2}$，且在

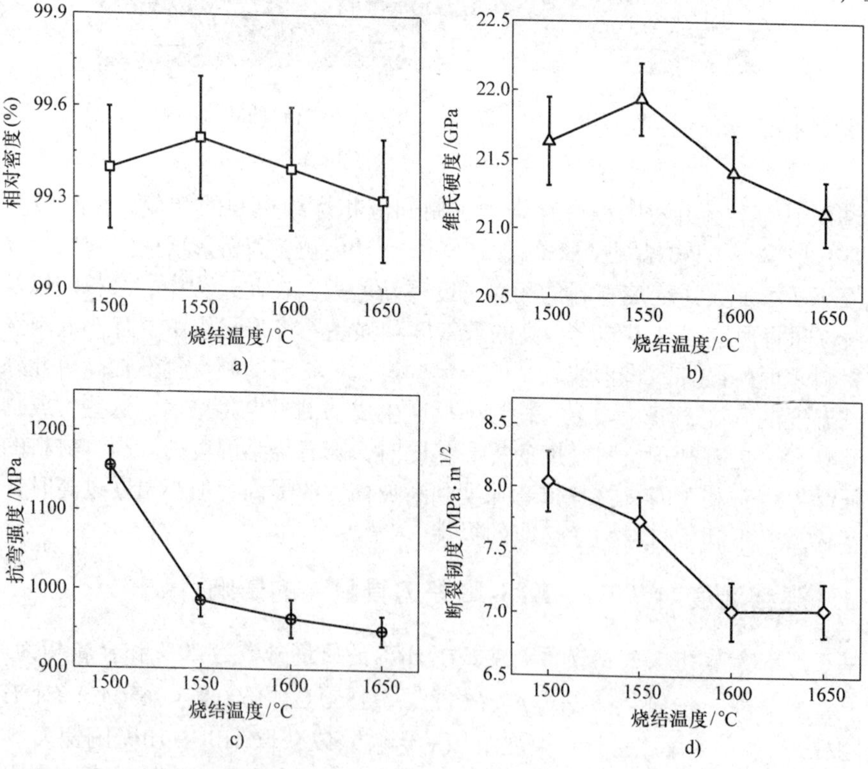

图 5-29　烧结温度对 TiB_2 - HfB_2 - Ni 陶瓷刀具材料相对密度和力学性能的影响

a）相对密度　b）维氏硬度　c）抗弯强度　d）断裂韧度

烧结温度由 1500℃升高至 1600℃时，材料的断裂韧度降幅较大。

综上可知，当烧结温度为 1500℃时，TiB_2 - HfB_2 - Ni 陶瓷刀具材料的抗弯强度和断裂韧度最高，其值分别为 1155.95MPa 和 8.04MPa · $m^{1/2}$，同时其维氏硬度为 21.63GPa，略小于最高值 21.94GPa。因此，陶瓷刀具材料具有较好综合力学性能时的烧结温度为 1500℃。

2. 烧结温度对 TiB_2 - HfB_2 陶瓷刀具材料微观组织的影响

图 5-30 所示为在不同烧结温度下制备的 TiB_2 - HfB_2 - Ni 陶瓷刀具材料的断口形貌。由图 5-30a 可见，在烧结温度为 1500℃时，材料的晶粒非常细小且均匀，HfB_2颗粒弥散现象明显，颗粒分布相对均匀，且未发现微孔洞。因此，在烧结温度为 1500℃时，陶瓷刀具材料具有相对较好的综合力学性能。

a)　b)　c)　d)

图 5-30　TiB_2 - HfB_2 - Ni 陶瓷刀具材料的断口形貌

a) 1500℃　b) 1550℃　c) 1600℃　d) 1650℃

由图 5-30b 可见，在烧结温度为 1550℃时，材料中大部分的晶粒相对细小且HfB_2颗粒弥散相对均匀，但有少量的粗大晶粒（如图 5-30b 中椭圆圈所示）生成且弥散颗粒的数量较 1500℃的少。因此，粗大晶粒的出现以及弥散颗粒的减少是材料抗弯强度大幅度降低和断裂韧度下降的主要原因；但由于其相对密度较高，大部分的晶粒相对细小，从而保证了其具有较好的硬度。

由图 5-30c 可见，在烧结温度为 1600℃时，材料的晶粒整体长大，晶粒分布相对均匀，HfB_2颗粒弥散相对均匀，但是弥散颗粒的数量较 1550℃的更少。因此，在烧结温度为 1600℃时，材料的抗弯强度和断裂韧度持续降低。

由图 5-30d 可见，在烧结温度为 1650℃时，材料的晶粒长大显著，弥散的HfB_2颗粒极少。因此，在烧结温度为 1650℃时，粗大晶粒的增多及弥散颗粒的减少，导致了材料抗弯强度和断裂韧度的进一步降低。

综上所述，随着烧结温度由 1500℃升高到 1650℃，TiB_2 – HfB_2 – Ni 陶瓷刀具材料的微观组织发生了晶粒逐渐长大、弥散颗粒数量逐渐减少的变化，这会显著降低材料的抗弯强度和断裂韧度。随着烧结温度的升高，液相的流动、原子的扩散、陶瓷相的溶解 – 析出等速度加快，导致了晶粒的快速生长；同时，高温可能促进了HfB_2中 Hf 原子与TiB_2中 Ti 原子的置换，加速了HfB_2与TiB_2的固溶，导致了HfB_2颗粒的减少。

5.4 保温时间对TiB_2基陶瓷刀具材料的影响

5.4.1 保温时间对TiB_2 – HfN 陶瓷刀具材料的影响

基于 5.1.1 节、5.2.1 节和 5.3.1 节的研究，在 HfN 的质量分数为 10%、金属相为（Ni，Mo）和烧结温度为 1550℃的基础上，进一步研究保温时间（15min、30min、45min、60min）对TiB_2 – HfN 陶瓷刀具材料力学性能和微观组织的影响，以获取TiB_2 – HfN 陶瓷刀具材料具有相对较好综合力学性能时的保温时间。同样采用真空热压烧结技术，利用控制变量法，在烧结温度为 1550℃和烧结压力为 30MPa 的条件下制备TiB_2 – HfN 陶瓷刀具材料。TiB_2 – HfN 陶瓷刀具材料的组分及配比（质量分数）为：TiB_2 82%，HfN 10%，Ni 4%，Mo 4%。

1. 保温时间对TiB_2 – HfN 陶瓷刀具材料相对密度和力学性能的影响

图 5-31 所示为保温时间对TiB_2 – HfN – Ni – Mo 陶瓷刀具材料相对密度和力学性能的影响。由图 5-31a 可见，随着保温时间由 15min 延长到 60min，材料的相对密度由 99.0% 逐渐增加到 99.3%，其相对密度大于 99%。这表明材料已经获得了较好的致密度，且适当的延长保温时间能够提高材料的相对密度。由图 5-31b 可见，随着保温时间的延长，材料的维氏硬度先略微增加后急剧降低，在保温时间为 30min 时，硬度值最高，其值为 19.52GPa；保温时间超过 30min 后，材料的硬度急

剧降低。这表明保温时间过长时不利于材料硬度的提高。由图 5-31c 和 d 可见，随着保温时间的延长，材料的抗弯强度由 1234.01MPa 逐渐降低到 891.28MPa，断裂韧度由 6.95MPa · $m^{1/2}$逐渐降低到 6.41MPa · $m^{1/2}$。这表明保温时间超过 15min 后，将不利于材料抗弯强度和断裂韧度的提高。由此可得，保温时间为 15min 时材料可获得较好的综合力学性能，过长的保温时间不利于刀具材料综合力学性能的提高。为了揭示保温时间对 TiB_2 – HfN 陶瓷刀具材料性能的影响，还应对材料的微观组织进行分析。

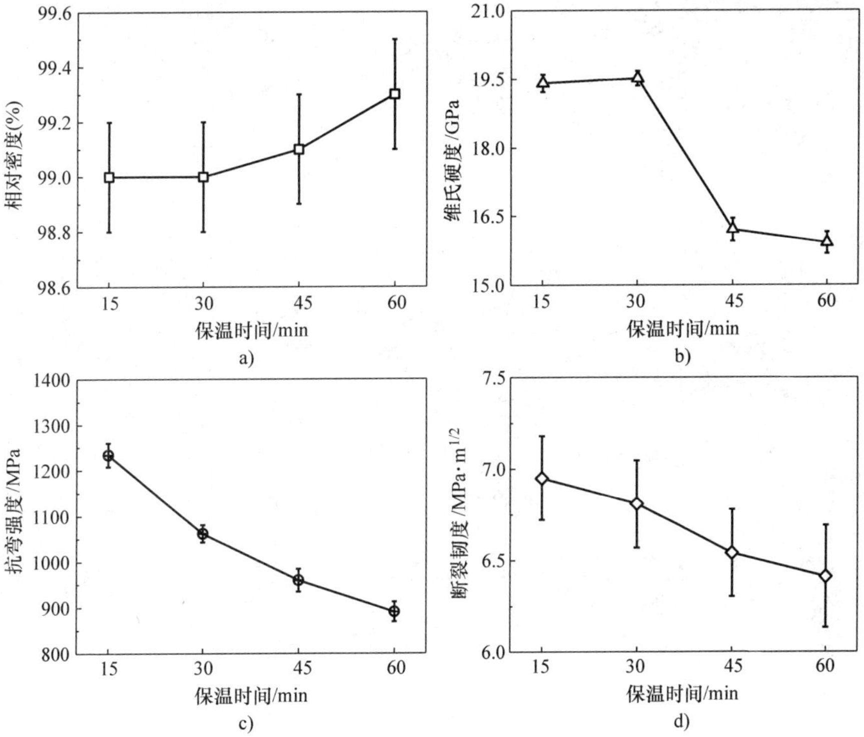

图 5-31 保温时间对 TiB_2 – HfN – Ni – Mo 陶瓷刀具材料相对密度和力学性能的影响

a）相对密度 b）维氏硬度 c）抗弯强度 d）断裂韧度

2. 保温时间对 TiB_2 – HfN 陶瓷刀具材料微观组织的影响

图 5-32 所示为在 15min、30min、45min 和 60min 保温时间下制备的 TiB_2 – HfN – Ni – Mo 陶瓷刀具材料的断口形貌。由图 5-32 可见，随着保温时间由 15min 延长到 60min，材料的晶粒平均尺寸逐渐增大。由图 5-32a 可见，在保温时间为 15min 时，材料中的晶粒较为细小且分布均匀，微观组织形貌较好。由图 5-32b 可见，在保温时间延长至 30min 时，材料中出现个别粗大晶粒（如图 5-32b 中椭圆圈所示）。由图 5-32c 可见，当保温时间延长至 45min 时，材料中出现较多的粗大晶粒，因此其力学性能降幅较大。

由图 5-32d 可见，在保温时间延长至 60min 时，材料的晶粒明显长大，并有较

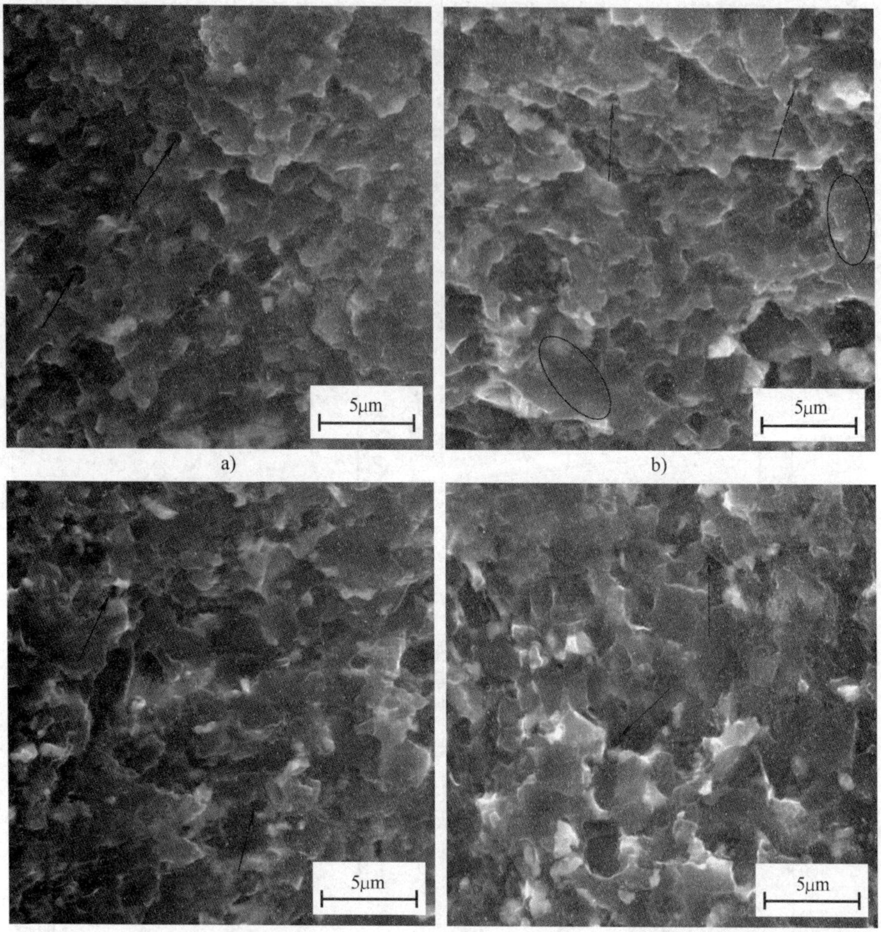

a) b) c) d)

图 5-32 $TiB_2-HfN-Ni-Mo$ 陶瓷刀具材料的断口形貌

a) 15min b) 30min c) 45min d) 60min

多粗大晶粒和少量团聚，这进一步降低了材料的力学性能。在材料的液相烧结过程中，随着保温时间的延长，材料中的空隙被液相填充的概率增大，材料的致密度逐渐增大；同时，陶瓷相的溶解-析出、晶界的移动及晶粒的长大时间增长，过长的保温时间会促进大晶粒以及粗大晶粒的形成，这将降低材料的力学性能。

此外，随着保温时间由15min延长到60min，弥散颗粒仍然存在于材料中，对材料保持较高的断裂韧度起了重要作用。同时，弥散颗粒对抗弯强度的提高也有一定的作用。在图5-32中有许多小韧窝（如图中箭头所示），这表明在材料的断裂过程中存在HfN颗粒的拔出，小颗粒的拔出需要消耗大量的断裂能，可有效阻碍材料的断裂。因此，即使是在最长的保温时间60min下制备的陶瓷刀具材料仍具有将近900MPa的抗弯强度。当保温时间为15min时，材料的抗弯强度高达

1234.01MPa，高于TiB_2 - SiC陶瓷刀具材料的抗弯强度（1121MPa）[133]和TiB_2 - TiC + Al_2O_3 + VC陶瓷刀具材料的抗弯强度（1100MPa）[116]。

5.4.2　保温时间对TiB_2 - HfC陶瓷刀具材料的影响

基于5.1.2节、5.2.2节和5.3.2节的研究，在HfC的质量分数为20%、金属相为（Ni，Co）和烧结温度为1600℃的基础上，进一步研究保温时间（15min、30min、45min、60min）对TiB_2 - HfC陶瓷刀具材料力学性能和微观组织的影响，以获取TiB_2 - HfC陶瓷刀具材料具有相对较好综合力学性能时的保温时间。同样采用真空热压烧结技术，利用控制变量法，在烧结温度为1600℃和烧结压力为30MPa的条件下制备TiB_2 - HfC陶瓷刀具材料。TiB_2 - HfC陶瓷刀具材料的组分及配比（质量分数）为：TiB_2 72%，HfC 20%，Ni 4%，Co 4%。

1. 保温时间对TiB_2 - HfC陶瓷刀具材料相对密度和力学性能的影响

图5-33所示保温时间对TiB_2 - HfC - Ni - Co陶瓷刀具材料相对密度和力学性能的影响，由图5-33a和b可见，随着保温时间的延长，材料的相对密度和维氏硬度不断减小，具有相同的变化趋势；同时，由图5-33c和d可见，抗弯强度和断裂韧度也具有相同的变化趋势，随保温时间的延长先增大后减小。由图5-33a和b可知，相对密度和维氏硬度虽然具有相同的变化趋势，但相对密度的变化不明显。当保温时间由15min延长到60min时，相对密度从99.6%降低到99.4%，这表明保温时间对材料相对密度的影响不显著；当保温时间由15min延长到60min时，维氏硬度从22.12GPa降低到18.42GPa，这表明保温时间对材料维氏硬度的影响较显著。由图5-33c和d可知，当保温时间为30min时，材料的抗弯强度和断裂韧度有最大值，其值分别为1169.19MPa和6.74MPa · $m^{1/2}$。

由图5-33a和b可知，当保温时间为30min时，刀具材料的相对密度和维氏硬度没有出现极大值，但相对密度为99.5%，与保温时间为15min时所获得的最大值99.6%相差不大；同时，维氏硬度为21.23GPa，与保温时间为15min时所获得的最大值22.12GPa也相差不大，但比保温时间为60min时所获得的最小值18.42GPa要大得多。因此，当保温时间为30min时，材料具有较好的综合力学性能，其抗弯强度为1169.19MPa，断裂韧度为6.74MPa · $m^{1/2}$，硬度为21.23GPa，相对密度为99.5%。为了进一步揭示保温时间对刀具材料性能的影响，还应对TiB_2 - HfC - Ni - Co陶瓷刀具材料的微观组织进行分析。

2. 保温时间对TiB_2 - HfC陶瓷刀具材料微观组织的影响

图5-34所示为在15min、30min、45min和60min保温时间下所制备的TiB_2 - HfC - Ni - Co陶瓷刀具材料的断口形貌。由图5-34可见，材料中存在一些条带状TiB_2晶粒和弥散的HfC颗粒。随着保温时间的延长，TiB_2和HfC都有了一定的长大，但长大不明显。这表明保温时间的延长能促进TiB_2和HfC的长大，但影响较小。随着保温时间的延长，HfC的团聚逐渐减弱，HfC颗粒的分布逐渐均匀。

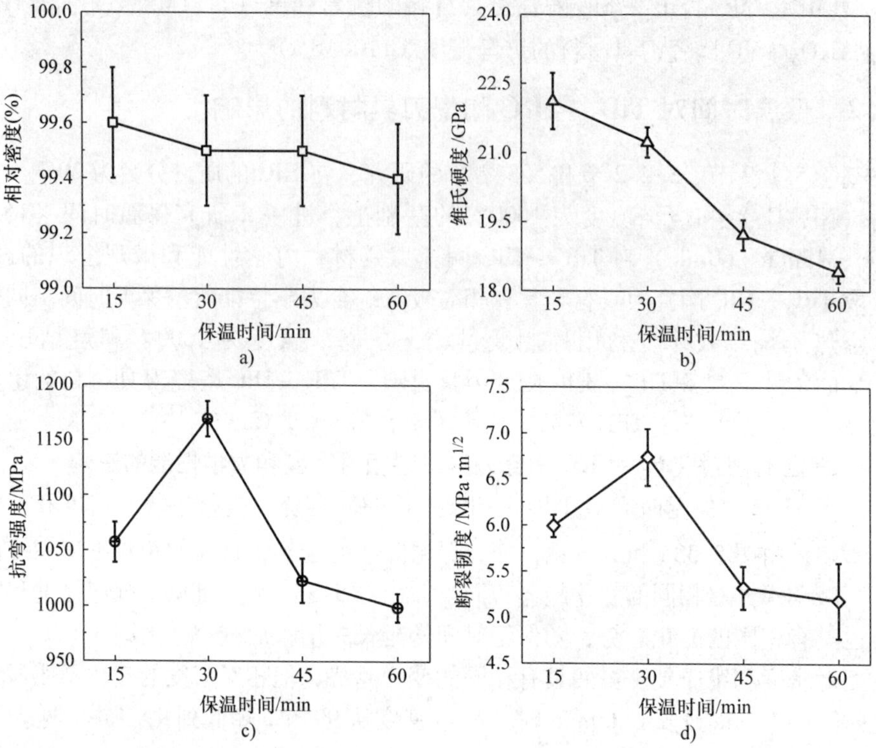

图 5-33 保温时间对 TiB_2 – HfC – Ni – Co 陶瓷刀具材料相对密度和力学性能的影响

a）相对密度 b）维氏硬度 c）抗弯强度 d）断裂韧度

由图 5-34a 可见，当保温时间为 15min 时，HfC 颗粒的团聚尤为明显。这是由于在液相烧结阶段，颗粒的重排需要一定的时间，当保温时间较短时，相当部分的微小 HfC 颗粒来不及完成重排将集聚在一起形成团聚。随着保温时间的延长，持续作用的热能将使分子间的运动加剧，液相的流动加快，其有利于微小 HfC 颗粒的重排；同时，在持续热能的作用下，TiB_2晶粒和 HfC 颗粒都将长大。

当保温时间为 15min 时，材料中的微小颗粒较多，可有效填充材料中的微孔洞，同时，材料中所形成的液相也有利于减少材料中微孔洞的存在，使材料获得高的相对密度，以及高的承压能力。当保温时间延长时，一方面，TiB_2晶粒和 HfC 颗粒将长大，且无规律地分布在材料中，其间易形成大的孔隙或孔洞；另一方面，液相增多，可有效填充这些孔隙或孔洞。因此，在保温时间为 30 ~45min 时，材料的相对密度相差甚小。但当保温时间过长时，金属液相将与 TiB_2 过度发生反应，恶化晶界，这会使材料的承压能力变弱，导致材料的硬度降低。

当保温时间为 15min 时，HfC 颗粒团聚严重，且在一定量的液相下，由于 TiB_2 晶粒较小，小颗粒 HfC 较多，在 TiB_2 和 HfC 间会形成弱晶界，材料抵抗断裂的能力较弱，最终导致材料的抗弯强度较低；同时，造成材料抗裂纹扩展的能力下降，

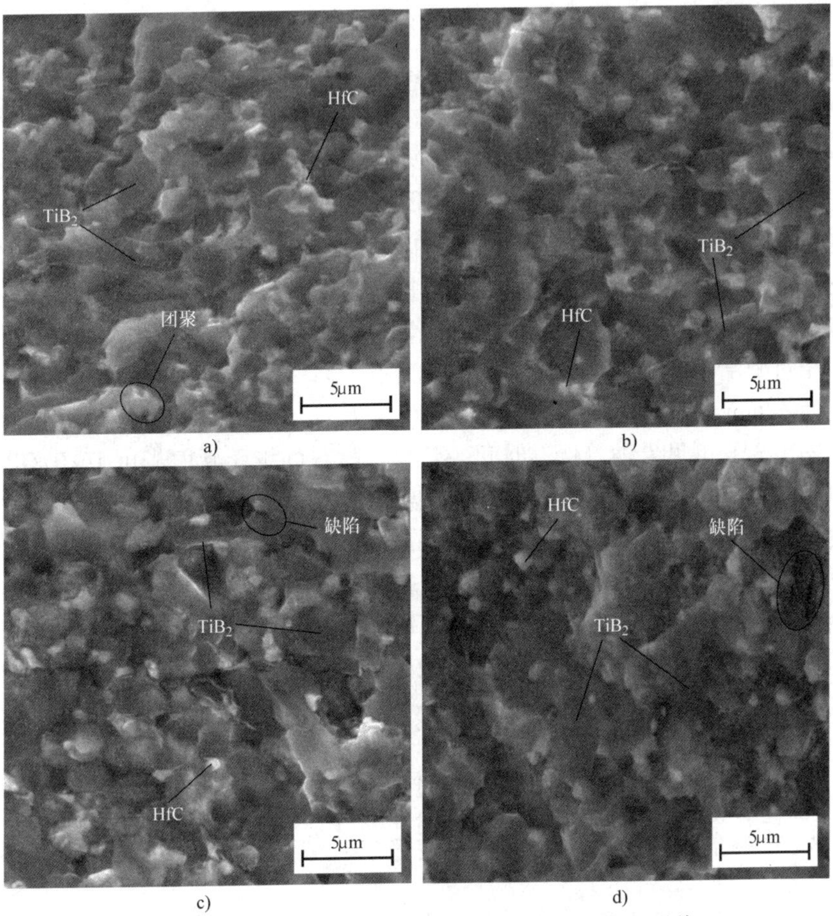

图 5-34　$TiB_2-HfC-Ni-Co$ 陶瓷刀具材料的断口形貌

a）15min　b）30min　c）45min　d）60min

易形成长直裂纹，使材料的断裂韧度较低。由图 5-44b 可见，当保温时间为 30min 时，TiB_2晶粒和 HfC 颗粒都有一定的长大，但与图 5-34a 相比，HfC 颗粒团聚明显减少，这有利于材料中弱晶界的减少，这是材料抗弯强度和断裂韧度提高的主要原因。当保温时间逐渐延长到 45min 和 60min 时，由图 5-34c 和 d 可见，TiB_2晶粒和 HfC 颗粒都有所长大，且液相与 TiB_2长时间接触会发生过度的化学反应，恶化晶界，形成图 5-34c 和 d 中所示的缺陷。这些缺陷削弱了材料抵抗断裂的能力，致使材料的抗弯强度和断裂韧度逐渐降低。

5.4.3　保温时间对 TiB_2-HfB_2陶瓷刀具材料的影响

基于5.1.3 节、5.2.3 节和5.3.3 节的研究，在 HfB_2的质量分数为20%、金属相为 Ni 和烧结温度为 1500℃ 的基础上，进一步研究保温时间（15min、30min、45min、60min）对 TiB_2-HfB_2陶瓷刀具材料力学性能和微观组织的影响，以获取

TiB_2-HfB_2陶瓷刀具材料具有相对较好综合力学性能时的保温时间。同样采用真空热压烧结技术，利用控制变量法，在烧结温度为1500℃和烧结压力为30MPa的条件下制备TiB_2-HfB_2陶瓷刀具材料。TiB_2-HfB_2陶瓷刀具材料的组分及配比（质量分数）为：TiB_2 72%，HfB_2 20%，Ni 8%。

1. 保温时间对TiB_2-HfB_2陶瓷刀具材料相对密度和力学性能的影响

图5-35所示为保温时间对TiB_2-HfB_2-Ni陶瓷刀具材料相对密度和力学性能的影响。由图5-35a可见，随着保温时间由15min延长到60min，材料的相对密度先由98.8%增大至99.4%，后降低至99.1%。由此可见，在保温时间为15min时，材料的相对密度小于99%，故材料的致密性较差，会导致力学性能的降低。当保温时间为30min时，材料的相对密度最高。

由图5-35b可见，随着保温时间的延长，材料的维氏硬度先由16.07GPa增大至21.63GPa，后降低至18.58GPa。在保温时间为30min时，材料获得了相对较高的硬度。在保温时间由15min延长至30min时，材料的硬度提高了34.6%，增幅较大，这是由于在此阶段材料的相对密度有较大的提升。

由图5-35c可见，随着保温时间的延长，材料的抗弯强度先由1002.16MPa增大至1155.95MPa，后略微降低至1114.92MPa。在保温时间为30min时，材料获得

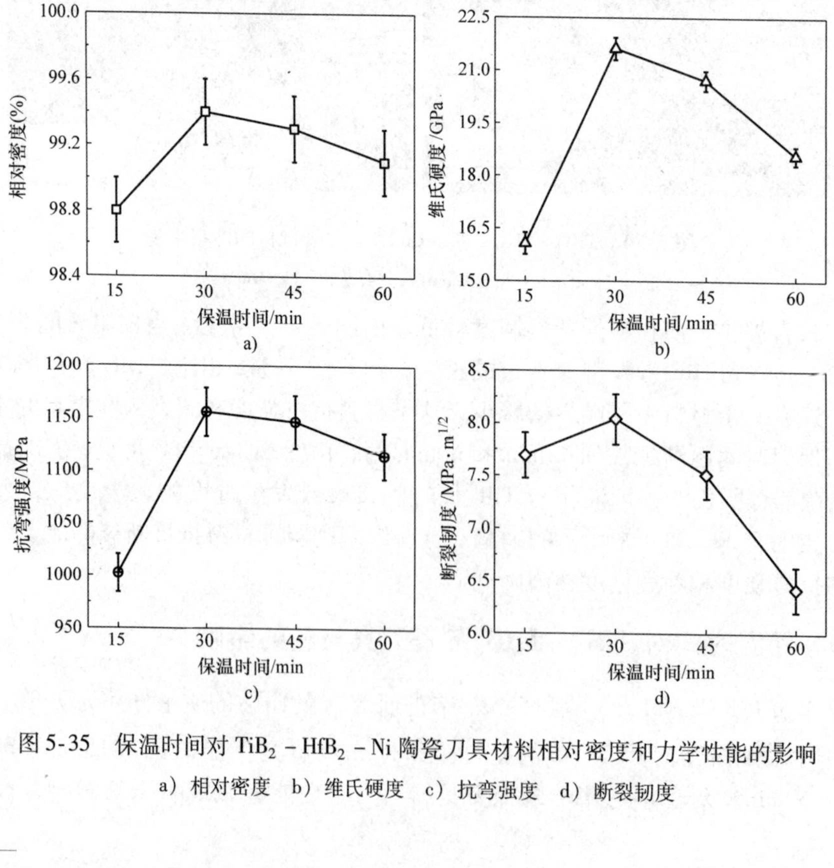

图5-35 保温时间对TiB_2-HfB_2-Ni陶瓷刀具材料相对密度和力学性能的影响

a）相对密度 b）维氏硬度 c）抗弯强度 d）断裂韧度

了相对较高的抗弯强度。在保温时间由 15min 延长至 30min 时，材料的抗弯强度有较大幅度的提高，这也得益于此阶段材料致密度的大幅度提高。

由图 5-35d 可见，随着保温时间的延长，材料的断裂韧度先由 7.69MPa · $m^{1/2}$ 增大至 8.04MPa · $m^{1/2}$，后降低至 6.42MPa · $m^{1/2}$。在保温时间为 30min 时，材料获得了相对较好的断裂韧度。

由上可知，在保温时间为 30min 时，TiB_2-HfB_2-Ni 陶瓷刀具材料可获得较优的相对密度和力学性能。保温时间过短或过长均会降低材料的致密度，从而导致材料的力学性能降低。为了进一步揭示保温时间对 TiB_2-HfB_2 陶瓷刀具材料性能的影响，还需对 TiB_2-HfB_2 陶瓷刀具材料的微观组织进行分析。

2. 保温时间对 TiB_2-HfB_2 陶瓷刀具材料微观组织的影响

图 5-36 所示在 15min、30min、45min 和 60min 保温时间下制备的 TiB_2-HfB_2-Ni 陶瓷刀具材料的断口形貌。由图 5-36a 可见，当保温时间为 15min 时，材料中有

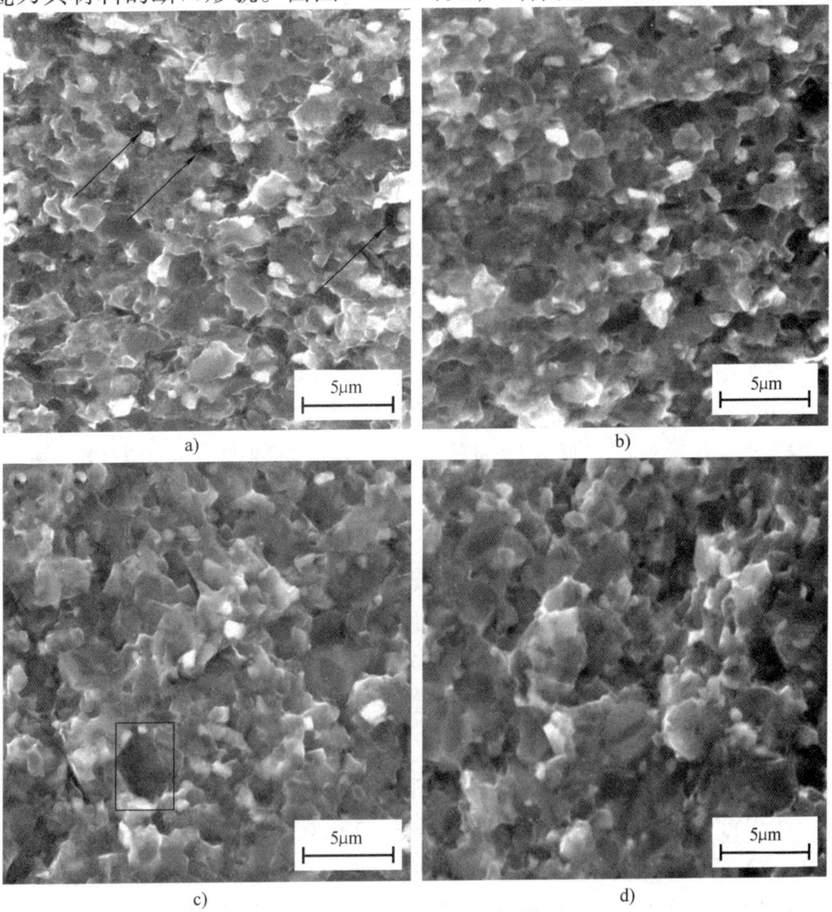

图 5-36　TiB_2-HfB_2-Ni 陶瓷刀具材料的断口形貌

a) 15min　b) 30min　c) 45min　d) 60min

较多的孔洞（如图5-36a中箭头所示）。在液相烧结阶段，由于保温时间过短，液相没有充分填充到材料的空隙中且陶瓷相的溶解－析出过程不充分，导致了孔洞的形成。孔洞易导致裂纹的萌生，在材料的断裂过程中，较多的孔洞会加快材料的断裂。因此，在保温时间为15min时，材料的相对密度和力学性能均较低。

由图5-36b可见，当保温时间延长至30min时，材料的晶粒发生了一定的长大，弥散的HfB_2颗粒有所减少，但颗粒分布相对均匀，没有明显的孔洞，因而，材料的相对密度提高明显，从而促进了其力学性能的提高。由图5-36c可见，当保温时间延长至45min时，材料的断口处有大晶粒拔出留下的韧窝（如图5-36c中方框所示），且没有明显的孔洞，但晶粒较大且弥散的HfB_2颗粒明显减少，导致了材料力学性能的下降。由图5-36d可见，当保温时间延长至60min时，晶粒有了进一步长大，弥散的HfB_2颗粒进一步减少，从而导致了材料力学性能的进一步降低。

综上所述，在保温时间过短时，材料中的孔洞较多，难以保证高的致密度；在保温时间过长时，晶粒的过度长大和弥散颗粒的减少导致了材料力学性能的降低；适当的保温时间可获得孔洞较少或无孔洞、晶粒大小均匀、颗粒弥散均匀的微观组织，以及具有高致密度和较好力学性能的材料。

5.5 小结

本章采用真空热压烧结技术，利用控制变量法，制备了TiB_2基陶瓷刀具材料；研究了增强相含量（HfN、HfC、HfB_2）、金属种类［Ni、Co、（Ni，Co）、（Ni，Mo）］、烧结温度（1500℃、1550℃、1600℃、1650℃）、保温时间（15min、30min、45min、60min）对TiB_2基陶瓷刀具材料力学性能和微观组织的影响，揭示了其内在机理；并通过逐步优化增强相含量、金属相种类、烧结温度、保温时间，获取了具有良好综合力学性能TiB_2基陶瓷刀具材料的组分、配比及烧结工艺参数。

1）分别研究了HfN、HfC、HfB_2含量对TiB_2基陶瓷刀具材料力学性能和微观组织的影响。研究结果表明，当HfN的质量分数为10%，TiB_2－HfN－Ni－Mo陶瓷刀具材料具有较好的微观组织和力学性能（维氏硬度、抗弯强度、断裂韧度分别为22.59GPa、813.69MPa、6.32MPa·$m^{1/2}$）；当HfC的质量分数为20%，TiB_2－HfC－Ni陶瓷刀具材料具有较好的微观组织和力学性能（维氏硬度、抗弯强度、断裂韧度分别为16.87GPa、768.21MPa、6.12MPa·$m^{1/2}$）；当HfB_2的质量分数为20%，TiB_2－HfB_2－Ni－Mo陶瓷刀具材料获得较好的微观组织和力学性能（维氏硬度、抗弯强度、断裂韧度分别为20.6GPa、702.03MPa、6.42MPa·$m^{1/2}$）。此外，TiB_2－HfN－Ni－Mo、TiB_2－HfC－Ni、TiB_2－HfB_2－Ni－Mo陶瓷刀具材料中均具有芯－壳结构，芯主要由TiB_2组成，壳主要由TiB_2、增强相（HfN、HfC、HfB_2）以及金属等组成；同时HfN和HfC分别以颗粒的形式弥散于TiB_2－HfN－Ni－Mo和TiB_2－HfC－Ni陶瓷刀具材料中，但当HfN或HfC添加量过多时易发生团聚。

2）分别研究了不同金属相 Ni、Co、（Ni，Co）、（Ni，Mo）对 TiB_2 - HfN、TiB_2 - HfC、TiB_2 - HfB_2陶瓷刀具材料力学性能和微观组织的影响。研究结果表明，适宜 TiB_2 - HfN、TiB_2 - HfC、TiB_2 - HfB_2 陶瓷刀具材料的金属相分别为（Ni，Mo）、（Ni，Co）、Ni。此外，HfN 在 TNN、TNC、TNNC、TNNM 陶瓷刀具材料中均以颗粒弥散的形式存在，但都发生了不同程度的团聚，TNNC 陶瓷刀具材料中的 HfN 团聚最为严重，其次是 TNN 陶瓷刀具材料；HfC 在 TCN、TCC、TCNC、TCNM 陶瓷刀具材料中均以颗粒弥散的形式存在，但 TCC、TCNM 陶瓷刀具材料中的 HfC 团聚较为严重，TCN、TCNC 陶瓷刀具材料中的 HfC 团聚较少；而在添加这四种金属相的 TiB_2 - HfB_2陶瓷刀具材料中，HfB_2颗粒弥散不明显。同时，含有这四种金属相的 TiB_2 - HfN、TiB_2 - HfC、TiB_2 - HfB_2陶瓷刀具材料中均有芯 - 壳结构，但芯 - 壳结构的形状及大小略有不同。

3）分别研究了烧结温度对 TiB_2 - HfN - Ni - Mo、TiB_2 - HfC - Ni - Co、TiB_2 - HfB_2 - Ni 陶瓷刀具材料力学性能和微观组织的影响。研究结果表明，这三种陶瓷刀具材料具有较好综合力学性能和均匀致密微观组织时的烧结温度分别为 1550℃、1600℃、1500℃。此外，随着烧结温度的升高，TiB_2 - HfN - Ni - Mo 陶瓷刀具材料中的晶粒逐渐长大且 HfN 颗粒的团聚先减少后略微增多，在各个烧结温度下获得的材料均有 HfN 弥散颗粒和芯 - 壳结构；TiB_2 - HfC - Ni - Co 陶瓷刀具材料中的晶粒逐渐长大且在各个烧结温度下获得的材料均有 HfC 弥散颗粒和芯 - 壳结构；TiB_2 - HfB_2 - Ni 陶瓷刀具材料中的晶粒逐渐长大且在烧结温度低于 1600℃时颗粒弥散较为明显，当烧结温度达到 1650℃时颗粒弥散不明显，但在各个烧结温度下获得的材料均有芯 - 壳结构。

4）分别研究了保温时间对 TiB_2 - HfN - Ni - Mo、TiB_2 - HfC - Ni - Co、TiB_2 - HfB_2 - Ni 陶瓷刀具材料力学性能和微观组织的影响。研究结果表明，这三种陶瓷刀具材料具有较好综合力学性能和均匀致密微观组织时的保温时间分别为 15min、30min、30min。在保温时间过短时，材料中容易出现孔洞，难以保证高的致密度；在保温时间过长时，晶粒会过度长大且弥散颗粒会减少，这会降低材料的力学性能；适当的保温时间可获得孔洞较少或无孔洞、晶粒大小均匀、颗粒弥散均匀的微观组织，以及具有高致密度和较好力学性能的材料。

5）TiB_2 - HfN - Ni - Mo 陶瓷刀具材料具有较好综合力学性能时的烧结温度和保温时间分别为 1550℃ 和 15min，其维氏硬度、抗弯强度、断裂韧度分别为 19.41GPa、1234.01MPa、6.95MPa · $m^{1/2}$；TiB_2 - HfC - Ni - Co 陶瓷刀具材料具有较好综合力学性能时的烧结温度和保温时间为 1600℃和 30min，其维氏硬度、抗弯强度、断裂韧度分别为 21.23GPa、1169.19MPa、6.74MPa · $m^{1/2}$；TiB_2 - HfB_2 - Ni 陶瓷刀具材料具有较好综合力学性能时的烧结温度和保温时间为 1500℃和 30min，其维氏硬度、抗弯强度、断裂韧度分别为 21.63GPa、1155.95MPa、8.04MPa · $m^{1/2}$。

第 6 章

6

新型TiB_2基陶瓷刀具材料的摩擦磨损性能

6.1 新型TiB_2基陶瓷刀具材料与硬质合金的摩擦磨损性能

6.1.1 TiB_2 - HfN 陶瓷刀具材料与硬质合金的摩擦磨损性能

TiB_2 - HfN 陶瓷刀具材料是依据第 5 章通过控制变量法所优选的陶瓷刀具材料，其组分和性能见表 6-1。试样的尺寸为 4mm × 3mm × 20mm，表面粗糙度 *Ra* 为 0.75μm。与陶瓷刀具材料对磨的材料为硬质合金 YG6，其硬度为 89.5HRA，表面粗糙度 *Ra* 为 0.03μm，化学成分（质量分数）为 WC 94% 和 Co 6%，尺寸为 *Sϕ*6mm。

表 6-1 TiB_2 - HfN 陶瓷刀具材料的组分和性能

组分（质量分数）	维氏硬度/GPa	抗弯强度/MPa	断裂韧度/MPa · $m^{1/2}$
$TiB_2$82%，HfN10%，Ni4%，Mo4%	19.41	1234.01	6.95

TiB_2 - HfN 陶瓷刀具材料试样条与 YG6 硬质合金球在干摩擦磨损条件下完成对磨，测试不同滑动速度和不同法向载荷下的摩擦因数和磨损率，以及陶瓷刀具材料对磨后的磨损形貌。对磨参数：对磨时间为 30min，滑动行程为 5mm，法向载荷为 70N 时，滑动速度分别为 6m/min、9m/min、12m/min、15m/min；对磨时间为 30min，滑动行程为 5mm，滑动速度为 15m/min 时，法向载荷分别为 50N、60N、70N、80N。

1. TiB_2 - HfN 陶瓷刀具材料与硬质合金 YG6 间的摩擦性能

图 6-1 所示为滑动速度和法向载荷对 TiB_2 - HfN 陶瓷刀具材料与硬质合金 YG6 间摩擦因数的影响。由图 6-1a 可见，当法向载荷为 70N 时，随着滑动速度由 6m/min 增大到 15m/min，TiB_2 - HfN 陶瓷刀具材料与硬质合金 YG6 间的摩擦因数减小明显，从 0.83 减小到 0.52，减小了 37.3%。大量研究表明，对磨面间的摩擦因数随着滑动速度的增大而减小。例如：Si_3N_4 陶瓷材料与 WC - Co 硬质合金对磨时，当滑动速度从 0.03m/s 增大到 0.12m/s 时，摩擦因数从 0.30 减小到 0.13[171]；

Al_2O_3 - Ti（C，N）陶瓷材料与 WC - Co 硬质合金对磨时，随着对磨速度由 100r/min 增大到 550r/min 时，摩擦因数由 0.55 减小到 0.45[172]；SiC 陶瓷材料与 WC - Ni 硬质合金对磨时，当对磨速度从 200r/min 增大到 600r/min 时，对磨面间的摩擦因数由 0.25 逐渐减小到 0.22[173]。

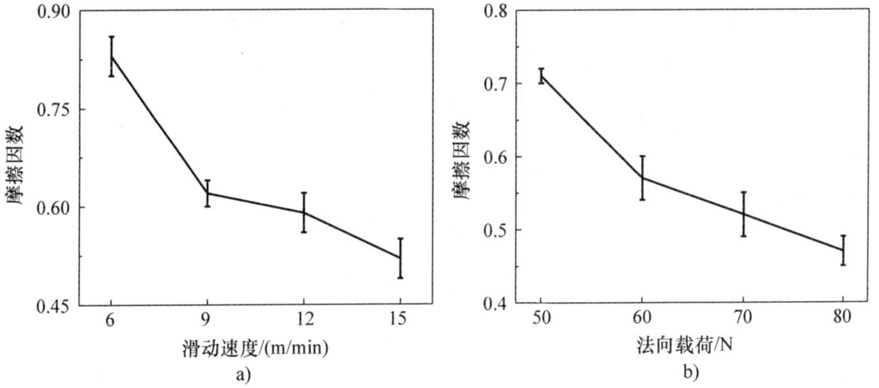

图 6-1　滑动速度和法向载荷对 TiB_2 - HfN 陶瓷刀具材料与硬质合金 YG6 间摩擦因数的影响

a）滑动速度的影响　b）法向载荷的影响

由图 6-1b 可见，当滑动速度为 15m/min 时，随着法向载荷从 50N 增大到 80N，TiB_2 - HfN 陶瓷刀具材料与硬质合金 YG6 对磨面间的摩擦因数不断减小，摩擦因数从 0.71 减小到 0.47，减少了 34%。大量研究表明，摩擦因数随着法向载荷的增大而减小。例如：CrB_2 陶瓷材料与 WC - Co 硬质合金对磨时，随着法向载荷由 3N 增大到 10N，对磨材料间的摩擦因数从 0.50 减小到 0.36[174]；ZrB_2 陶瓷材料与 WC - Co 硬质合金对磨时，随着法向载荷由 5N 增大到 20N 时，对磨材料间的摩擦因数逐渐由 0.84 减小到 0.52[175]；B_4C - ZrB_2 陶瓷材料与 WC - Co 硬质合金对磨时，随着法向载荷由 5N 增加到 20N 时，对磨材料间的摩擦因数由 0.24 逐渐减小到 0.15[176]。为了进一步揭示法向载荷与摩擦因数间的关系，可利用如下模型[177]来进行解释：

$$\mu = \frac{\tau A}{F^{1/3}}\left(\frac{3}{4E}\right)^{2/3} \tag{6-1}$$

式中　μ——对磨表面间的摩擦因数；

A——由接触表面几何形状决定的一个常量；

τ——对磨表面的临界剪切应力（Pa）；

E——对磨球的弹性模量（Pa）；

F——法向载荷（N）。

由式（6-1）可知，在稳定磨损阶段，当对磨面间的临界剪切应力一定时，对磨面间的摩擦因数 μ 与法向载荷 F 成反比，即随着法向载荷的增加，对磨面间的摩擦因数随之下降。

2. TiB_2 – HfN 陶瓷刀具材料与硬质合金 YG6 间的磨损性能

图 6-2 所示为与硬质合金 YG6 对磨时滑动速度和法向载荷对 TiB_2 – HfN 陶瓷刀具材料磨损率的影响。由图 6-2a 可见，在对磨时间为 30min，当法向载荷为 70N 时，随着滑动速度从 6m/min 增大到 15m/min，陶瓷刀具材料的磨损率逐渐增大，由 $5.31\times10^{-5}mm^3/(m\cdot N)$ 增大到 $8.82\times10^{-5}mm^3/(m\cdot N)$，增大了 66%。这表明当法向载荷一定时，随着滑动速度的增大，材料的磨损率逐渐增大。

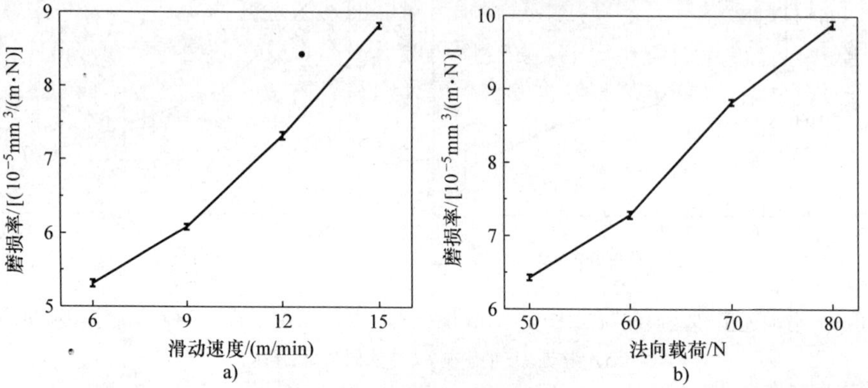

图 6-2 与硬质合金 YG6 对磨时滑动速度和法向载荷对 TiB_2 – HfN 陶瓷刀具材料磨损率的影响

a）滑动速度的影响 b）法向载荷的影响

由图 6-2b 可见，在对磨时间为 30min，当滑动速度为 15m/min 时，随着法向载荷从 50N 增加到 80N，陶瓷刀具材料的磨损率逐渐增大，由 $6.43\times10^{-5}mm^3/(m\cdot N)$ 增大到 $9.88\times10^{-5}mm^3/(m\cdot N)$，增大了 54%。大量研究表明，磨损率随着法向载荷的增大而增大。例如：Al_2O_3 –（W，Ti）C 陶瓷材料与 YG8 硬质合金对磨时，随着法向载荷由 50N 增大到 150N 时，陶瓷材料的磨损率由 $1.25\times10^{-6}mm^3/(m\cdot N)$ 增大到 $1.51\times10^{-6}mm^3/(m\cdot N)$[178]；SiC 基陶瓷材料与 WC 硬质合金对磨时，随着法向载荷由 5N 增大到 20N 时，磨损率由 $4.5\times10^{-6}mm^3/(m\cdot N)$ 增大到 $6.8\times10^{-6}mm^3/(m\cdot N)$[179]。这些表明当滑动速度一定时，随着法向载荷的增大，材料的磨损率不断增大，这一现象可用文献［180］所提到的模型来进行解释，此模型为

$$W = a\frac{F^{1/8}}{K_{IC}^{1/2}H^{5/8}}\left(\frac{E}{H}\right)^{4/5} \tag{6-2}$$

式中 W——材料的磨损率（$mm^3/m\cdot N$）；

a——与材料种类有关的常数；

F——法向载荷（N）；

K_{IC}——材料的断裂韧度（$MPa\cdot m^{1/2}$）；

H——材料的硬度（GPa）；

E——材料的弹性模量（MPa）。

由式（6-2）可知，在两种材料进行对磨时，当材料的断裂韧度、硬度和弹性

模量一定时，随着法向载荷的增大，材料的磨损率随之增大。

3. TiB_2 – HfN 陶瓷刀具材料与硬质合金 YG6 对磨后的磨损形貌

图 6-3 所示为 TiB_2 – HfN 陶瓷刀具材料与硬质合金 YG6 对磨后的磨损形貌及能谱。由图 6-3a 可见，TiB_2 – HfN 陶瓷刀具材料磨损面上存在沿晶和穿晶微裂纹，以及少量的凹坑。在对磨过程中，当两对磨材料间的接触压力较大且超过晶粒和晶界所能承受的压力时，部分较大的 TiB_2 晶粒将会发生穿晶断裂，同时弱晶界处将会发生沿晶断裂；同时，在对磨过程中，对磨面间的温度较高，晶粒间的黏结相将发生软化，在摩擦力的作用下，晶粒间将形成沿晶裂纹；晶粒在交变剪切应力和热应力的作用下，其周围的裂纹将发生扩展，弱晶界结合的晶粒将发生疲劳破坏，在摩擦力的作用下将被剥落，形成凹坑。

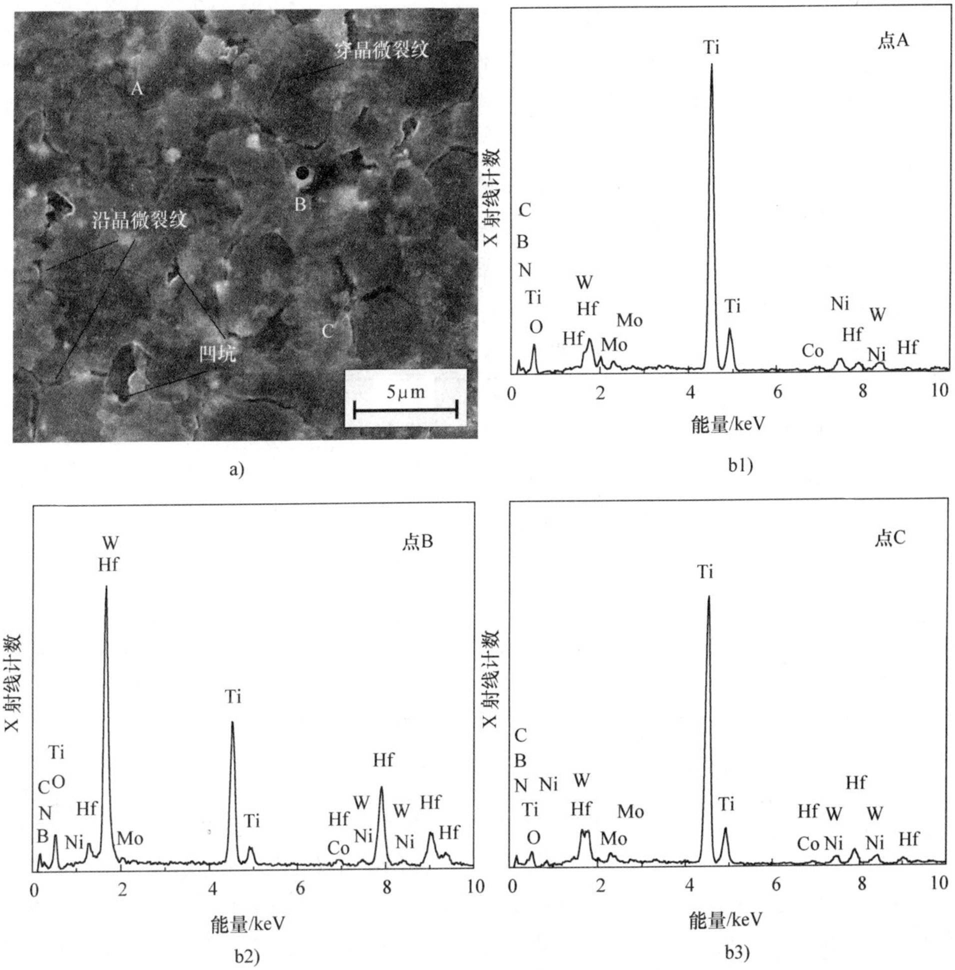

图 6-3　TiB_2 – HfN 陶瓷刀具材料与硬质合金 YG6 对磨后的磨损形貌及能谱

a）磨损形貌　b1）~ b3）相应点的能谱

此外，由图6-3a可见，磨损面上存在三种相，分别为黑色相（图中A点处）、白色相（图中B点处）和灰色相（图中C点处）。为了进一步确定各相的化学元素组成，图6-3b1～b3分别为A点、B点和C点处的能谱，表6-2列出了A、B、C各点处的元素含量。由表6-2可知，A点处含有大量的Ti和B元素，质量分数分别为62.8%和28.5%，摩尔分数分别为31.7%和63.6%，由它们的摩尔分数可知其摩尔比接近1:2，可以推断出A点处的物质主要由TiB_2组成；其次，A点处还含有质量分数为2.8%的Hf，且Hf与N的摩尔比接近1:1，说明A点处还有极少量的HfN；此外，在A点处还检测到了W、C、Co、O元素，说明在对磨过程中，硬质合金中的W、C、Co元素扩散到了陶瓷刀具材料中；同时，O元素的存在，表明对磨过程中材料发生了氧化。但总体来说，A点处的主要物质构成为TiB_2。

由表6-2可知，B点处含有大量的Hf和N元素，质量分数分别为84.9%和5.3%，摩尔分数分别为41.1%和32.7%，由它们的摩尔分数可知其摩尔比大于1:1，可以推断出B点处的物质主要由HfN组成，可能还存在Hf的其他化合物；其次，B点处还含有质量分数为2.6%的Ti，且Ti与B的摩尔比接近1:2，说明B点处还有极少量的TiB_2；此外，在B点处还检测到了W、C、Co、O元素，说明在对磨过程中，硬质合金中的W、C、Co元素扩散到了陶瓷刀具材料中；同时，O元素的存在，表明对磨过程中材料发生了氧化。但总体来说，B点处的物质主要由HfN和Hf的其他化合物组成。

表6-2　点A、B、C处的元素含量

元素	A		B		C	
	质量分数（%）	摩尔分数（%）	质量分数（%）	摩尔分数（%）	质量分数（%）	摩尔分数（%）
Ti	62.8	31.7	2.6	4.7	46.0	26.9
B	28.5	63.6	0.9	7.0	23.2	60.2
Hf	2.8	0.4	84.9	41.1	19.4	3.0
N	0.2	0.3	5.3	32.7	0.5	0.9
Ni	0.5	0.2	1.6	2.3	1.9	0.9
Mo	0.8	0.2	1.9	1.7	3.2	0.9
W	2.2	0.3	0.8	0.4	1.8	0.3
C	0.1	0.3	0.1	0.4	0.1	0.3
Co	0.2	0.1	0.1	0.1	0.2	0.1
O	1.9	2.9	1.8	9.6	3.7	6.5
总计	100	100	100	100	100	100

由表6-2可知，C点处含有大量的Ti、B和Hf元素，质量分数分别为46.0%、23.2%和19.4%，其中Ti和B的摩尔分数分别为26.9%和60.2%，由它们的摩尔分数可知其摩尔比接近1:2，可以推断出C点处存在大量的TiB_3；Hf和N的摩尔分数分别为3.0%和0.9%，它们的摩尔比远大于1:1，这表明在对磨过程中，有部分N元素脱离了陶瓷刀具材料的表面，形成了N的其他化合物，同时也有Hf的其他化合物形成；其次，在C点处还检测到了W、C、Co、O元素，说明在对磨过

程中，硬质合金中的 W、C、Co 元素扩散到了陶瓷刀具材料中；同时，O 元素的存在，表明对磨材料发生了氧化。但总体来说，C 点处的物质主要由 TiB_2和 Hf 的化合物组成。

由上可知，在 TiB_2 - HfN 陶瓷刀具材料的表面存在非陶瓷刀具材料的元素 W、C、Co、O。W、C 和 Co 元素来自与其对磨的硬质合金 YG6，其可能是由于对磨材料间的相互扩散或硬质合金 YG6 上的晶粒剥落并黏着到陶瓷刀具材料表面形成的。在对磨过程中，对磨面间温度较高，对磨面间的分子运动加剧，TiB_2 - HfN 陶瓷刀具材料与硬质合金 YG6 在法向载荷作用下紧密接触，两种对磨材料中的元素发生了相互扩散；此外，硬质合金 YG6 上的 WC 晶粒和 Co 会被剥落并黏着到陶瓷刀具材料的表面。而 O 元素的存在表明 TiB_2 - HfN 陶瓷刀具材料和硬质合金 YG6 在对磨过程中与空气中的氧气发生了反应，形成了相应的氧化物，TiB_2和 WC 会与氧气发生反应生成 TiO_2、B_2O_3和 WO_3等化合物[181]；此外，依据化学反应原理，对 HfN 和 O_2在 0 ~ 1000℃ 进行热力学计算，HfN 和 O_2在此温度范围内会发生反应，形成 HfO_2和 NO_2，其反应式为

$$HfN + 2O_2 = HfO_2 + NO_2 \tag{6-3}$$

由上可知，在 TiB_2 - HfN 陶瓷刀具材料与硬质合金 YG6 对磨的过程中，TiB_2 - HfN 陶瓷刀具材料表面可能存在的氧化物主要有 TiO_2、B_2O_3、WO_3和 HfO_2。对磨面上的氧化物有利于阻止被磨材料进一步发生氧化，同时所形成的氧化层可起到一定的润滑作用，有利于对磨材料间摩擦因数的减小[182,183]。

6.1.2　TiB_2 - HfC 陶瓷刀具材料与硬质合金的摩擦磨损性能

TiB_2 - HfC 陶瓷刀具材料是依据第 5 章通过控制变量法所优选的陶瓷刀具材料，其组分和性能见表 6-3。试样的尺寸为 4mm × 3mm × 20mm，表面粗糙度 *Ra* 为 0.93μm。与陶瓷刀具材料对磨的材料为硬质合金 YG8，其硬度为 89HRA，表面粗糙度 *Ra* 为 0.03μm，化学成分（质量分数）为 WC92% 和 Co8%，尺寸为 *S*ϕ6mm。

表 6-3　TiB_2 - HfC 陶瓷刀具材料的组分和性能

组分（质量分数）	维氏硬度/GPa	抗弯强度/MPa	断裂韧度/MPa · $m^{1/2}$
$TiB_2$72%，HfC20%，Ni4%，Co4%	21.23	1169.19	6.74

TiB_2 - HfC 陶瓷刀具材料试样条与 YG8 硬质合金球在干摩擦磨损条件下完成对磨，测试不同滑动速度和不同法向载荷下的摩擦因数和磨损率，以及陶瓷刀具材料对磨后的磨损形貌。对磨参数：对磨时间为 30min，滑动行程为 5mm，法向载荷为 70N 时，滑动速度分别为 6m/min、9m/min、12m/min、15m/min；对磨时间为 30min，滑动行程为 5mm，滑动速度为 15m/min 时，法向载荷分别为 50N、60N、70N、80N。

1. TiB_2 - HfC 陶瓷刀具材料与硬质合金 YG8 间的摩擦性能

图 6-4 所示为滑动速度和法向载荷对 TiB_2 - HfC 陶瓷刀具材料与硬质合金 YG8 间摩擦因数的影响。由图 6-4a 可见，当法向载荷为 70N 时，随着滑动速度从 6m/min

增大到15m/min，TiB_2 - HfC 陶瓷刀具材料与硬质合金 YG8 对磨面间的摩擦因数不断减小，从0.66减小到0.45，约减小了32%。这表明在法向载荷一定时，随着滑动速度的增大，对磨材料间的摩擦因数逐渐减小。由图6-4b可见，当滑动速度为15m/min时，随着法向载荷从50N增加到80N，TiB_2 - HfC 陶瓷刀具材料与硬质合金 YG8 对磨面间的摩擦因数不断减小，从0.53减小到0.35，减小了34%。这表明在滑动速度一定时，随着法向载荷的增大，对磨材料间的摩擦因数逐渐减小。

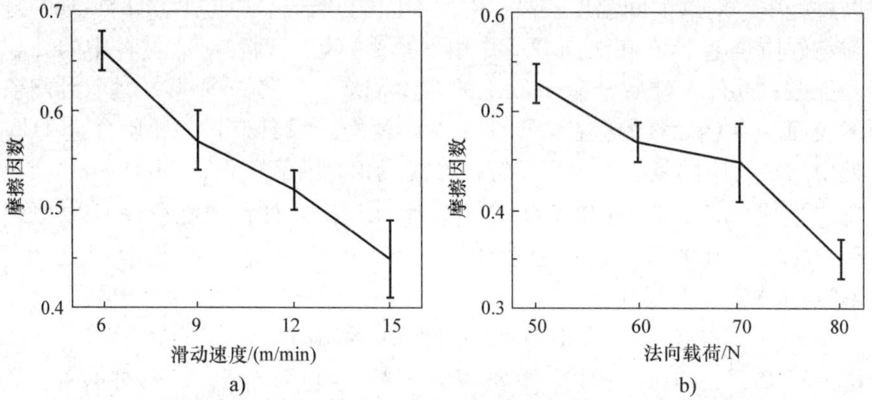

图6-4 滑动速度和法向载荷对 TiB_2 - HfC 陶瓷刀具材料与硬质合金 YG8 间摩擦因数的影响

a）滑动速度的影响 b）法向载荷的影响

2. TiB_2 - HfC 陶瓷刀具材料与硬质合金 YG8 间的磨损性能

图6-5所示为与硬质合金 YG8 对磨时滑动速度和法向载荷对 TiB_2 - HfC 陶瓷刀具材料磨损率的影响。由图6-5a可见，当对磨时间为30min，法向载荷为70N时，随着滑动速度从6m/min增大到15m/min，陶瓷刀具材料的磨损率逐渐增大，磨损率由$4.13\times10^{-5}mm^3/(m\cdot N)$增大到$5.21\times10^{-5}mm^3/(m\cdot N)$，约增大了26.2%。这表明当法向载荷一定时，随着滑动速度的增大，材料的磨损率随之增大。由图6-5b可见，在对磨时间为30min，对磨速度为15m/min时，随着法向载荷从50N增大到80N，TiB_2 - HfC 陶瓷刀具材料的磨损率不断增大，由$4.18\times10^{-5}mm^3/(m\cdot N)$增大到$5.54\times10^{-5}mm^3/(m\cdot N)$，增大了33%。这表明当滑动速度一定时，随着法向载荷的增大，材料的磨损率随之增大。

3. TiB_2 - HfC 陶瓷刀具材料与硬质合金 YG8 对磨后的磨损形貌

图6-6所示为 TiB_2 - HfC 陶瓷刀具材料与硬质合金 YG8 对磨后的磨损形貌及能谱。由图6-6a可见，TiB_2 - HfC 陶瓷刀具材料的磨损面上也存在沿晶和穿晶微裂纹，其形成机制与 TiB_2 - HfN 陶瓷刀具材料表面的沿晶和穿晶微裂纹形成机制相同。此外，陶瓷刀具材料的磨损面上也存在三种相，分别为黑色相（图中A点处）、白色相（图中B点处）和灰色相（图中C点处）。为了进一步分析各相的元素组成，图6-6b1～b3分别给出了A、B、C三点的能谱，表6-4列出了A、B、C各点处的元素含量。由表6-4可知，A点处含有大量的Ti和B元素，其质量分数

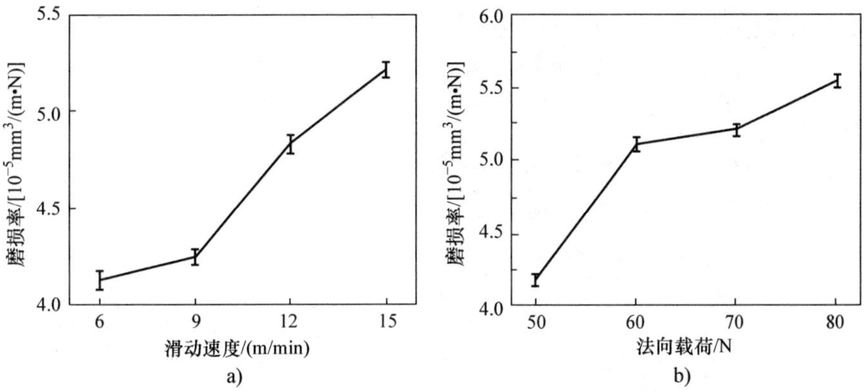

图6-5 与硬质合金 YG8 对磨时滑动速度和法向载荷对 TiB_2 – HfC 陶瓷刀具材料磨损率的影响
a）滑动速度的影响 b）法向载荷的影响

分别为60.8%和27.0%，摩尔分数分别为32.0%和62.9%，由它们的摩尔分数可知其摩尔比接近1∶2，可以推断出A点处的物质主要由TiB_2组成；其次，A点处还含有质量分数为5.7%的Hf，且Hf与C的摩尔比略小于1∶1，说明A点处还可能含有少量的HfC；此外，在A点处还检测到了W、Co、O元素，说明在对磨过程中，硬质合金中的W、Co元素扩散到了陶瓷刀具材料中；同时，O元素的存在，表明对磨过程中材料发生了氧化。但总体来说，A点处的主要物质构成为TiB_2。

由表6-4可知，B点处含有大量的Hf元素，其质量分数和摩尔分数分别为71.4%和24.4%，其摩尔分数与C的摩尔分数（17.9%）之比，即摩尔比略大于1∶1，可以推断出B点处存在一定量的HfC及Hf的化合物；其次，B点处还含有Ti（质量分数为10.2%）和B（质量分数为4.6%），且Ti与B的摩尔比为13.0∶25.7，接近1∶2，说明B点处还有一定量的TiB_2；此外，在B点处还检测到了W、Co、O元素，说明在对磨过程中，硬质合金中的W、C、Co元素扩散到了陶瓷刀具材料中；同时，O元素的存在，表明对磨过程中材料发生了氧化。但总体来说，B点处的物质主要由HfC和Hf的化合物组成。

表6-4 点A、B、C处的元素含量

元素	A		B		C	
	质量分数（%）	摩尔分数（%）	质量分数（%）	摩尔分数（%）	质量分数（%）	摩尔分数（%）
Ti	60.8	32.0	10.2	13.0	49.1	28.9
B	27.0	62.9	4.6	25.7	22.0	57.4
Hf	5.7	0.8	71.4	24.4	14.1	2.3
C	0.6	1.3	3.5	17.9	1.7	4.0
Ni	0.2	0.1	0.5	0.5	2.8	1.4
Co	0.4	0.2	0.6	0.7	3.4	1.7
W	3.9	0.6	4.9	1.6	4.9	0.8
O	1.4	2.1	4.3	16.2	2.0	3.5
总计	100	100	100	100	100	100

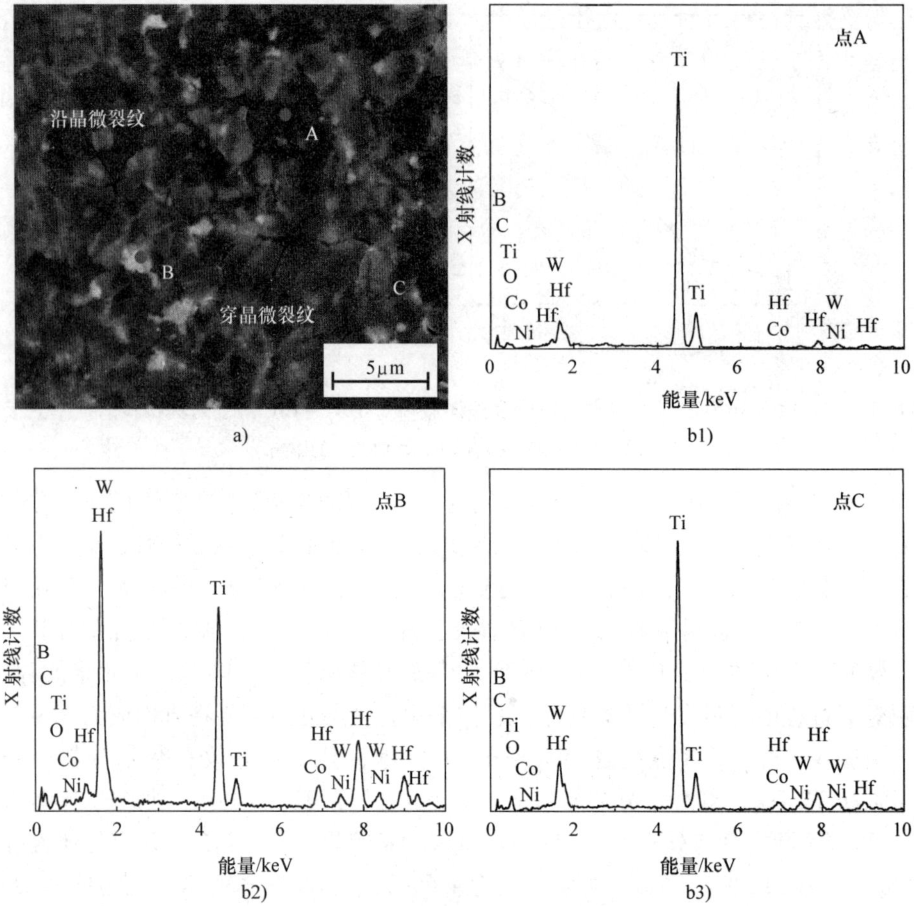

图 6-6　TiB_2 - HfC 陶瓷刀具材料与硬质合金 YG8 对磨后的磨损形貌及能谱

a）磨损形貌　b1）~ b3）相应点的能谱

由表 6-4 可知，C 点处含有大量的 Ti、B 和 Hf 元素，其质量分数分别为 49.1%、22.0%和 14.1%，其中 Ti 与 B 的摩尔分数分别为 28.9%和 57.4%，由它们的摩尔分数可知其摩尔比接近 1∶2，可以推断出 C 点处存在大量的 TiB_2。Hf 与 C 的摩尔分数分别为 2.3%和 4.0%，其摩尔比略小于 1∶1，这不仅表明在 C 点处存在少量的 HfC，而且还表明在对磨过程中，硬质合金 YG8 有部分 C 扩散到了陶瓷刀具材料的表面；其次，在 C 点处还检测到了 W、Co、O 元素，说明在对磨过程中，硬质合金中的 W、Co 元素扩散到了陶瓷刀具材料中；同时，O 元素的存在，表明对磨过程中材料发生了氧化。但总体来说，C 点处的物质主要由 TiB_2 和 Hf 的化合物组成。

由上述可知，在 TiB_2 - HfC 陶瓷刀具材料的表面也存在 W、Co、O 元素，W、Co 的存在表明在摩擦磨损过程中，YG8 对磨球中的 W、Co 元素渗透到了 TiB_2 -

HfC 陶瓷刀具材料表面或是由于硬质合金 YG8 中的 WC 和 Co 剥落后黏着到陶瓷刀具材料表面上；O 的存在表明在陶瓷刀具材料表面有氧化物生成，这些氧化物除了TiO_2、B_2O_3和 WO_3外，还可能有 HfO_2。依据化学反应原理，对 HfC 和 O_2在 0 ~ 1000℃内进行热力学计算，其会发生如下反应：

$$HfC + 2O_2 = HfO_2 + CO_2 \tag{6-4}$$

因此，与硬质合金 YG8 对磨后，TiB_2 - HfC 陶瓷刀具材料表面可能存在的氧化物有 TiO_2、B_2O_3、WO_3和 HfO_2。

6.1.3　TiB_2 - HfB_2陶瓷刀具材料与硬质合金的摩擦磨损性能

TiB_2 - HfB_2陶瓷刀具材料是依据第 5 章通过控制变量法所优选的陶瓷刀具材料，其组分和性能见表 6-5。试样的尺寸为 4mm × 3mm × 20mm，表面粗糙度 *Ra* 为 0.33μm。与陶瓷刀具材料对磨的材料为 YG6X 硬质合金，其硬度为 91HRA，表面粗糙度 *Ra* 为 0.03μm，化学成分（质量分数）为 WC94% 和 Co6%，尺寸为 $S\phi6$mm。

表 6-5　TiB_2 - HfB_2陶瓷刀具材料的组分和性能

组分（质量分数）	维氏硬度/GPa	抗弯强度/MPa	断裂韧度/$MPa \cdot m^{1/2}$
$TiB_2$72%，$HfB_2$20%，Ni8%	21.63	1155.95	8.04

TiB_2 - HfB_2陶瓷刀具材料试样条与 YG6X 硬质合金球在干摩擦磨损条件下完成对磨，测试不同滑动速度和不同法向载荷下的摩擦因数和磨损率，以及陶瓷刀具材料对磨后的磨损形貌。对磨参数：对磨时间为 30min，滑动行程为 5mm，法向载荷为 70N 时，滑动速度分别为 6m/min、9m/min、12m/min、15m/min；对磨时间为 30min，滑动行程为 5mm，滑动速度为 15m/min 时，法向载荷分别为 50N、60N、70N、80N。

1.　TiB_2 - HfB_2陶瓷刀具材料与硬质合金 YG6X 间的摩擦性能

图 6-7 所示为滑动速度和法向载荷对 TiB_2 - HfB_2陶瓷刀具材料与硬质合金 YG6X 间摩擦因数的影响。由图 6-7a 可见，在法向载荷为 70N 时，随着滑动速度由 6m/min 逐渐增大到 15m/min，摩擦因数由 0.78 逐渐减小到 0.54，减小了 30.77%。这表明当法向载荷一定时，随着滑动速度的增大，对磨材料间的摩擦因数逐渐减小。由图 6-7b 可见，在滑动速度为 15m/min 时，随着法向载荷由 50N 逐渐增大到 80N，摩擦因数由 0.73 逐渐减小到 0.41，减小了 43.84%。这表明当滑动速度一定时，随着法向载荷的增大，对磨材料间的摩擦因数逐渐减小。

2.　TiB_2 - HfB_2陶瓷刀具材料与硬质合金 YG6X 间的磨损性能

图 6-8 所示为与硬质合金 YG6X 对磨时滑动速度和法向载荷对 TiB_2 - HfB_2陶瓷刀具材料磨损率的影响。由图 6-8a 可见，在法向载荷为 70N 时，随着滑动速度由 6m/min 逐渐增大到 15m/min，TiB_2 - HfB_2陶瓷刀具材料的磨损率逐渐增大，由

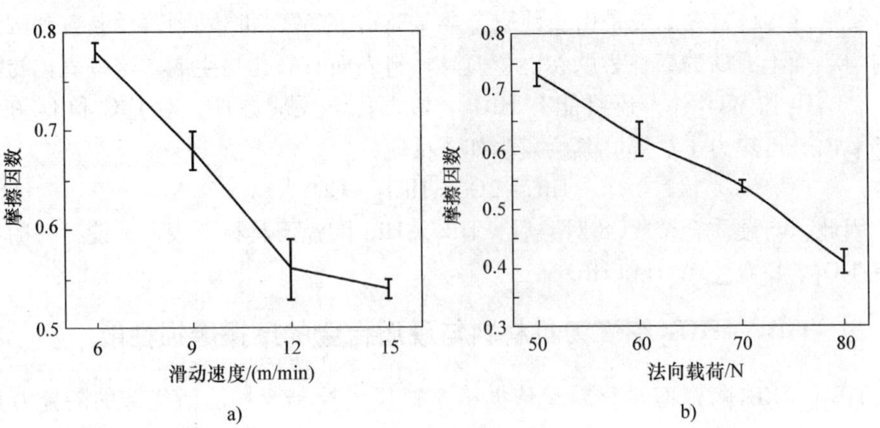

图 6-7 滑动速度和法向载荷对 TiB_2-HfB_2 陶瓷刀具材料与硬质合金 YG6X 间摩擦因数的影响
a）滑动速度的影响 b）法向载荷的影响

$4.25\times10^{-5}mm^3/(m\cdot N)$ 逐渐增大到 $9.15\times10^{-5}mm^3/(m\cdot N)$。这表明当法向载荷一定时，随着滑动速度的增大，陶瓷刀具材料的磨损率逐渐增大。由图 6-8b 可见，在滑动速度为 15m/min 时，随着法向载荷由 50N 逐渐增大到 80N，TiB_2-HfB_2 陶瓷刀具材料的磨损率逐渐增大，由 $4.97\times10^{-5}mm^3/(m\cdot N)$ 逐渐增大到 $10.56\times10^{-5}mm^3/(m\cdot N)$。这表明当滑动速度一定时，随着法向载荷的增大，陶瓷刀具材料的磨损率逐渐增大。在法向载荷由 60N 增大到 70N 时，磨损率出现了较大幅度的增大，即耐磨性急剧下降。

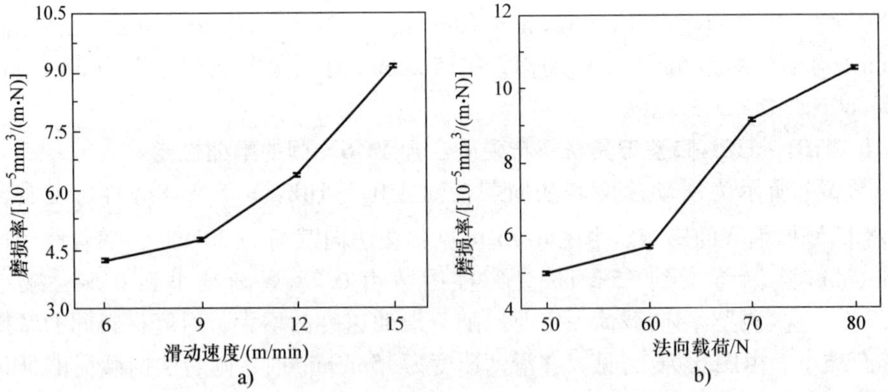

图 6-8 与硬质合金 YG6X 对磨时滑动速度和法向载荷对 TiB_2-HfB_2 陶瓷刀具材料磨损率的影响
a）滑动速度的影响 b）法向载荷的影响

3. TiB_2-HfB_2 陶瓷刀具材料与硬质合金 YG6X 对磨后的磨损形貌

图 6-9 所示为 TiB_2-HfB_2 陶瓷刀具材料与硬质合金 YG6X 对磨后的磨损形貌及能谱。由图 6-9a 可见，TiB_2-HfB_2 陶瓷刀具材料磨损面上也存在沿晶和穿晶微裂

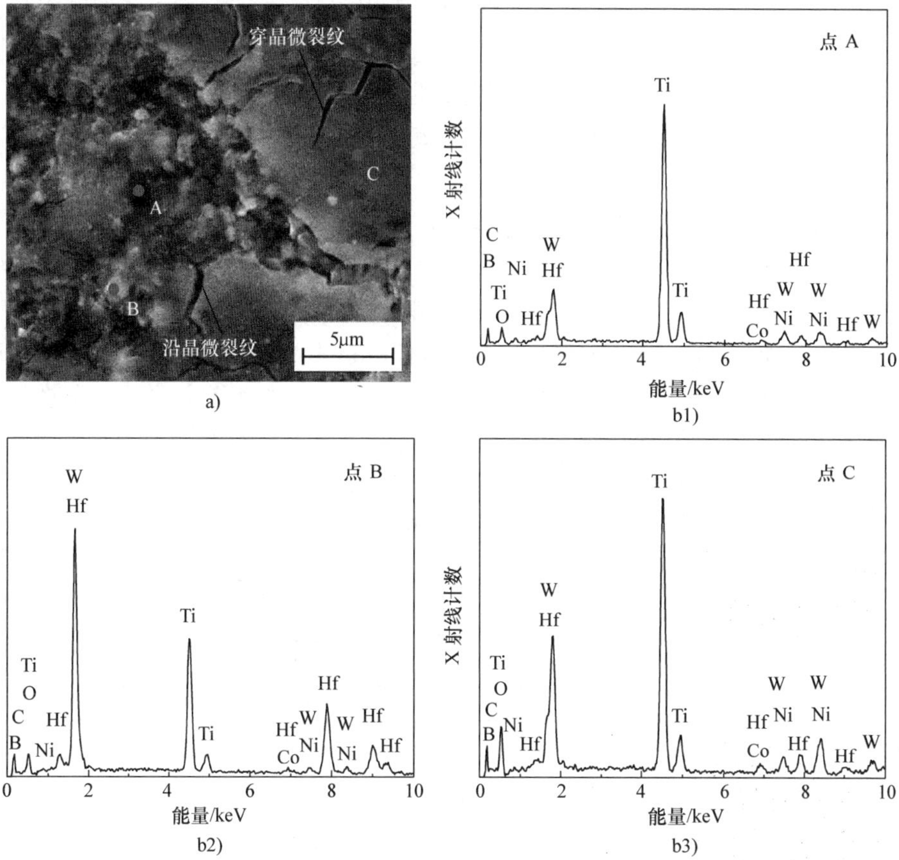

图 6-9　TiB_2-HfB_2陶瓷刀具材料与硬质合金 YG6X 对磨后的磨损形貌及能谱

a）磨损形貌　b1）~ b3）相应点的能谱

纹，同时也存在由于晶粒脱落留下的破损，其形成机制与 TiB_2-HfN 陶瓷刀具材料磨损面上的显微结构形成机制相同。此外，陶瓷刀具材料的磨损面上也存在黑色相、白色相和灰色相。为了进一步确定各相的组成，分别对三种相进行了能谱分析，其中图 6-9b1 ~ b3 分别为图 6-9a 中点 A（黑色相）、点 B（白色相）、点 C（灰色相）的能谱，表 6-6 列出了 A、B、C 各点处的元素含量。由表 6-6 可知，A 点处含有大量的 Ti 和 B 元素，其质量分数分别为 64.7% 和 29.6%，摩尔分数分别为 32.6% 和 66.1%，由它们的摩尔分数可知其摩尔比接近 1∶2，可以推断出 A 点处的物质主要由 TiB_2组成；其次，在 A 点处还检测到了极其少量的 Hf 和 W 元素，这表明在 A 点处存在极少量 Hf 的化合物和硬质合金扩散到陶瓷刀具材料中的 W 元素。但总体来说，A 点处的主要物质构成为 TiB_2。

由表 6-6 可知，B 点处含有大量的 Hf 和 B 元素，其质量分数分别为 81.2% 和 11.7%，摩尔分数分别为 26.3% 和 63.2%，摩尔比略小于 1∶2，可以推断出 B 点

处存在一定量的 HfB_2，多余 B 的摩尔分数为 10.6%，Ti 与多余 B 的摩尔比接近 1:2，这表明在 B 点处存在少量的 TiB_2；其次，在 B 点处还检测到了极少量的 W、O 元素，说明在对磨过程中，硬质合金中的 W 元素扩散到了陶瓷刀具材料中；同时，O 元素的存在，表明对磨材料发生了氧化。但总体来说，B 点处的主要物质构成为 HfB_2。

由表 6-6 可知，C 点处含有大量的 Ti、B、Hf 和 W 元素，其质量分数分别为 41.2%、20.5%、15.4% 和 15.8%，其中 Ti 与 B 的摩尔分数分别为 26.0% 和 57.3%，由它们的摩尔分数可知其摩尔比略小于 1:2，可以推断出 C 点处的存在大量的 TiB_2；Hf 与多余的 B 的摩尔比接近 1:2，这表明在 C 点处存在少量的 HfB_2；W 元素的存在表明在对磨过程中，硬质合金 YG6X 有部分 W 扩散到了陶瓷刀具材料的表面；在 C 点处还检测到了一定量的 O 元素，表明对磨材料发生了氧化。但总体来说，C 点处的物质主要由 TiB_2 和 HfB_2 组成。

表 6-6　点 A、B、C 处的元素含量

元素	A		B		C	
	质量分数（%）	摩尔分数（%）	质量分数（%）	摩尔分数（%）	质量分数（%）	摩尔分数（%）
Ti	64.7	32.6	4.3	5.2	41.2	26.0
B	29.6	66.1	11.7	63.2	20.5	57.3
Hf	3.2	0.4	81.2	26.3	15.4	2.6
Ni	0.1	0.1	0.2	0.2	1.5	0.8
W	2.1	0.3	1.2	0.4	15.8	2.6
C	0.1	0.3	0.1	0.4	1.0	2.6
Co	0.1	0.1	0.1	0.1	0.5	0.3
O	0.1	0.1	1.2	4.2	4.1	7.8
总计	100	100	100	100	100	100

由上述可知，在 TiB_2-HfB_2 陶瓷刀具材料的表面也存在 W、C、Co、O 元素，这表明在摩擦磨损过程中，YG6X 对磨球中的元素渗透到了 TiB_2-HfB_2 陶瓷刀具材料表面或 YG6X 中的晶粒剥落后黏着到了陶瓷刀具材料表面上，同时陶瓷刀具材料表面也可能留有氧化物 TiO_2、B_2O_3、WO_3 和 HfO_2。依据化学反应原理，对 HfB_2 和 O_2 在 0～1000℃内进行热力学计算，HfB_2 和 O_2 会发生如下反应：

$$HfB_2+2.5O_2=HfO_2+B_2O_3 \tag{6-5}$$

因此，与硬质合金 YG6X 对磨后，TiB_2-HfB_2 陶瓷刀具材料表面生成的氧化物可能是 TiO_2、B_2O_3、WO_3 和 HfO_2。

6.1.4　新型 TiB_2 基陶瓷刀具材料与硬质合金的磨损机理

由前文可知，TiB_2 基陶瓷刀具材料与硬质合金对磨后，其磨损面上存在大量的微裂纹和少量凹坑。这些微裂纹主要分为沿晶微裂纹和穿晶微裂纹，沿晶微裂纹居多，穿晶微裂纹较少。这两种微裂纹形成于摩擦磨损的不同阶段，穿晶微裂纹主要形成于摩擦磨损的初期，沿晶微裂纹的形成贯穿于整个对磨过程，且其形成机制不同。

在对磨初期，对 TiB_2 基陶瓷刀具材料和硬质合金对磨球的表面粗糙度值虽然很小，但其表面并非绝对光滑，在其表面均存在微凸体[184]，其接触面积较小，在法向载荷的作用下，其接触区的压应力较大。对磨面上的最大压应力可由球－平面间的赫兹接触应力公式进行估算，球－平面间的赫兹接触应力公式为

$$p_{\max} = \frac{3F}{2\pi r^2} = \frac{3F}{2\pi\left[\frac{3RF}{4}\left(\frac{1-\nu_1^2}{E_1}+\frac{1-\nu_2^2}{E_2}\right)\right]^{2/3}} \tag{6-6}$$

式中　$p_{\max}$——接触区的最大压力（Pa）；

r——接触区圆的半径（m）；

F——球与平面间的法向载荷（N）；

R——对磨球的半径（m）；

ν_1、ν_2——对磨材料的泊松比；

E_1、E_2——对磨材料的弹性模量（Pa）。

由式（6-6）可估算出 TiB_2 基陶瓷刀具材料与硬质合金对磨时的最大压应力。对磨球的半径为 3mm，法向载荷为 60N，用 TiB_2 和 WC 的泊松比 0.28 和 0.21，以及它们的弹性模量 560GPa 和 710GPa，近似作为对磨材料的泊松比和弹性模量。将上述这些数值代入式（6-6）可得接触区的最大压应力约为 5243MPa。在如此大的压应力下，接触区的部分 TiB_2 大晶粒由于内部存在微孔洞、微裂纹等缺陷，会发生穿晶断裂，形成穿晶微裂纹；同时，部分 TiB_2 晶粒会发生沿晶断裂，形成沿晶微裂纹。

在对磨过程中，由于 TiB_2 基陶瓷刀具材料与硬质合金的硬度都比较高，两种材料表面的微凸体相互啮合、反复碰撞，产生微振动；同时，在周期性交变剪切应力的作用下，将导致硬质颗粒周边出现微裂纹，硬质颗粒发生疲劳破坏后将脱落，对磨材料间的接触面积将逐渐增大。随着摩擦的进行，磨损进入稳定阶段，对磨面间积累的摩擦热将使对磨区的温度逐渐升高，对磨区的最高温度可由如下模型[185]粗略估算：

$$T_{\max} = \frac{\mu F v}{4r(K_1 + K_2)} \tag{6-7}$$

式中　$T_{\max}$——摩擦区的最高温度（K）；

μ——摩擦因数；

F——法向载荷（N）；

v——滑动速度（m/s）；

r——接触区圆的半径（m）；

K_1 和 K_2——对磨材料的热导率［W/(m · K)］。

利用式（6-7）可估算出 TiB_2 基陶瓷刀具材料与硬质合金对磨区的最高温度。由前文可知，当滑动速度为 15m/min，法向载荷为 60N 时，TiB_2 基陶瓷刀具材料与硬质合金的摩擦因数分别为 0.57、0.47 和 0.62，取其平均值 0.55，热导率 K_1 和 K_2 分别用 TiB_2 和 WC 的热导率 24W/(m·K) 和 29W/(m·K) 来近似等效，接触区的半径 r 用式（6-6）中接触区圆的半径 r 近似等效，计算式如下：

$$r=\left[\frac{3RF}{4}\left(\frac{1-\nu_1^2}{E_1}+\frac{1-\nu_2^2}{E_2}\right)\right]^{1/3} \tag{6-8}$$

式中　r——接触区圆的半径（m）；

F——球与平面间的法向载荷（N）；

R——对磨球的半径（m）；

ν_1、ν_2——对磨材料的泊松比；

E_1、E_2——对磨材料的弹性模量（Pa）。

对磨球的半径为 3mm，法向载荷为 60N，用 TiB_2 和 WC 的泊松比 0.28 和 0.21，以及它们的弹性模量 560GPa 和 710GPa，近似作为对磨材料的泊松比和弹性模量。将上述这些数值代入式（6-8）可得接触区圆的半径 r 约为 0.074mm。

将平均摩擦因数 0.55、法向载荷 60N、滑动速度 15m/min、接触区圆的半径 0.074mm、TiB_2 的热导率 24W/(m·K) 和 WC 的热导率 29W/(m·K) 代入式（6-7），可粗略估算出 TiB_2 基陶瓷刀具材料与硬质合金接触区的最高温度约为 526K。在高温、微振动及交变应力的作用下，对磨面上元素的相互渗透和氧化加剧；分布在陶瓷晶粒间的起强化晶界的金属黏结相将发生软化，陶瓷晶粒间将发生开裂，形成沿晶微裂纹；此外，烧结后的 TiB_2 基陶瓷刀具材料晶粒界面处存在残余应力，在高温、振动及交变应力的作用下，会使界面处的残余应力得到释放，晶界能减弱，晶界处将产生微裂纹，形成沿晶微裂纹；弱晶界结合的晶粒将发生疲劳破坏，在剪切应力的作用下将被剥落。

随着摩擦磨损的继续进行，沿晶与穿晶微裂纹进一步延伸，从而导致 TiB_2 基陶瓷刀具材料表面的晶粒剥落，形成凹坑。同时剥落的材料在压应力和剪切应力的作用下被粉碎为小颗粒形成磨屑，部分磨屑被推出摩擦区，部分则残留到破损面内的凹坑中或者填充到裂纹中或在摩擦面上参与到往复的摩擦过程中。填充到凹坑中的磨屑会减小振动，使摩擦过程变得平稳；填充到裂纹中的磨屑，在压应力和剪切应力的作用下，会加快裂纹的扩展；参与到摩擦过程中的磨屑，起磨粒磨损作用，会对磨损面进行划擦，加速磨损。ZrO_2 基陶瓷材料与硬质合金 YG6 对磨时，在陶瓷材料磨损面上有划痕和犁沟存在[186]，而在 TiB_2 基陶瓷刀具材料与硬质合金对磨后的磨损面上没有明显的划痕和犁沟。这是由于 TiB_2 基陶瓷刀具材料具有较高的硬度，在硬质颗粒对其表面进行刮擦时不能够留下明显的划痕和犁沟。这表明 TiB_2 基陶瓷刀具材料具有更好的耐磨性。

在稳定磨损阶段的后期，磨粒磨损和氧化磨损加剧，大量的硬质颗粒将剥落，同时磨损面上将形成较多的凹坑，导致摩擦因数增大，磨损率急剧增大，陶瓷刀具材料进入急剧磨损阶段。一般来说，进入急剧磨损的条件[187]为

$$\beta\sigma_{max}\sqrt{\pi d}\geqslant K_{IC} \tag{6-9}$$

式中　β——与裂纹的几何形状有关的常数；

σ_{max}——裂纹所受的最大拉应力（Pa）；

d——原裂纹的长度（m）；

K_{IC}——材料的断裂韧度（$MPa\cdot m^{1/2}$）。

综上所述，在TiB_2基陶瓷刀具材料与硬质合金对磨初期，以对磨材料上的微凸体剥落为主，磨损面上有沿晶和穿晶微裂纹形成；在对磨稳定和急剧磨损阶段，以磨粒磨损和氧化磨损为主，陶瓷刀具材料表面有微裂纹和凹坑形成。同时，在摩擦热的作用，接触区的温度逐渐升高，加剧了对磨材料的相互扩散和氧化，TiB_2基陶瓷刀具材料表面潜在的氧化物主要有TiO_2、B_2O_3、WO_3和HfO_2。与硬质合金对磨时，TiB_2基陶瓷刀具材料的磨损机理主要为磨粒磨损和氧化磨损。

6.2　新型TiB_2基陶瓷刀具材料与不锈钢的摩擦磨损性能

6.2.1　TiB_2－HfN 陶瓷刀具材料与不锈钢的摩擦磨损性能

TiB_2－HfN 陶瓷刀具材料的组分和性能见表 6-1。试样的尺寸为 4mm×3mm×20mm，表面粗糙度 Ra 为 0.75μm。与陶瓷刀具材料对磨的材料为不锈钢 420（美国牌号），其硬度为 192HRB，表面粗糙度 Ra 为 0.03μm，尺寸为 $S\phi$5mm，化学成分见表 6-7。

表 6-7　不锈钢 420 的化学成分（质量分数）　　（%）

牌号	C	Si	Mn	S	P	Cr
420	≥0.15	≤1.00	≤1.00	≤0.030	≤0.040	12.0～14.0

TiB_2－HfN 陶瓷刀具材料试样条与不锈钢 420 对磨球在干摩擦磨损条件下完成对磨，测试不同滑动速度和不同法向载荷下的摩擦因数和磨损率，以及陶瓷刀具材料对磨后的磨损形貌。对磨参数：对磨时间为 30min，滑动行程为 5mm，法向载荷为 70N 时，滑动速度分别为 6m/min、9m/min、12m/min、15m/min；对磨时间为 30min，滑动行程为 5mm，滑动速度为 15m/min 时，法向载荷分别为 50N、60N、70N、80N。

1. TiB_2－HfN 陶瓷刀具材料与不锈钢 420 间的摩擦性能

图 6-10 所示为滑动速度和法向载荷对 TiB_2－HfN 陶瓷刀具材料与不锈钢 420 间

摩擦因数的影响。由图6-10a可知，当法向载荷为70N时，随着滑动速度从6m/min增大到15m/min，TiB_2－HfN陶瓷刀具材料与不锈钢420对磨面间的摩擦因数从0.63减小到0.34，减小了46%。有研究表明，在陶瓷材料与钢材对磨时，随着滑动速度的增大，对磨材料间的摩擦因数逐渐减小。例如：Al_2O_3－TiC陶瓷材料与奥氏体不锈钢（07Cr19Ni11Ti）对磨时，随着滑动速度由40m/min增大到80m/min，对磨材料间的摩擦因数由0.557减小到0.51[188]；Si_3N_4－10%（体积分数）hBN陶瓷材料与奥氏体不锈钢（06Cr18Ni10Ti）对磨时，随着滑动速度由31.2m/min增大到103.8m/min，对磨材料间的摩擦因数由0.691减小到0.118[189]。在摩擦的过程中，摩擦速度越大，摩擦热积累的就越快，对磨面间的温度也就越高，对磨面间形成的氧化物也将增多。这些氧化物的润湿作用可减小界面处的剪切应力，根据式（6-1）可知，当剪切应力减小时，摩擦因数将减小。

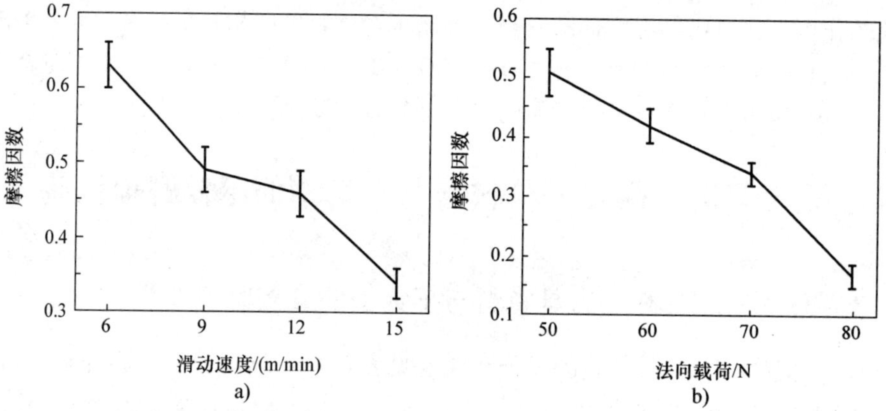

图6-10　滑动速度和法向载荷对TiB_2－HfN陶瓷刀具材料与不锈钢420间摩擦因数的影响

a）滑动速度的影响　b）法向载荷的影响

由图6-10b可知，当滑动速度为15m/min时，随着法向载荷从50N增大到80N，TiB_2－HfN陶瓷刀具材料与不锈钢420对磨面间的摩擦因数从0.51减小到0.17，减小了67%。大量研究表明，在陶瓷材料与钢材对磨时，随着法向载荷的增大，摩擦因数逐渐减小。例如：Al_2O_3陶瓷材料与渗碳钢20CrNiMo对磨时，随着法向载荷从100N增大到600N，对磨面间的摩擦因数从0.16减小到0.06[190]；（W，Ti）C－Co陶瓷材料与轴承钢对磨时，随着法向载荷从2N增大到10N，对磨面间的摩擦因数从0.65减小到0.48[191]；Al_2O_3基陶瓷与淬火45钢对磨时，随着法向载荷由50N增大到250N，对磨材料间的摩擦因数由0.6逐渐降低到0.46[192]。除了利用式（6-1）可以解释法向载荷与摩擦因数间的关系外，还可以利用如下模型[193]进行解释：

$$\mu = \pi\tau\left[\frac{3(1-\nu^2)FR}{4E}\right]^{2/3}F^{-1} \propto F^{-1/3} \qquad (6\text{-}10)$$

式中　μ——对磨面间的摩擦因数；

F——法向载荷（N）；

τ——剪切应力（Pa）；

E——对磨球的弹性模量（Pa）；

ν——对磨球的泊松比。

由式（6-10）可知，对磨材料间的摩擦因数 μ 与法向载荷 F 成反比，即在两种材料对磨过程中，随着法向载荷的增大，对磨材料间的摩擦因数逐渐减小。

2. TiB_2 – HfN 陶瓷刀具材料与不锈钢 420 间的磨损性能

图 6-11 所示为与不锈钢 420 对磨时滑动速度和法向载荷对 TiB_2 – HfN 陶瓷刀具材料磨损率的影响。由图 6-11a 可知，当法向载荷为 70N 时，随着滑动速度从 6m/min 增大到 15m/min，TiB_2 – HfN 陶瓷刀具材料的磨损率逐渐从 $0.13\times10^{-5}mm^3/(m\cdot N)$ 增大到 $0.36\times10^{-5}mm^3/m\cdot N$，大约增大了 177%。大量研究表明，陶瓷材料与钢材对磨时，随着滑动速度的增大，其磨损率不断增大。例如：Al_2O_3 – TiC 陶瓷材料与奥氏体不锈钢（07Cr19Ni11Ti）对磨时，随着滑动速度由 40m/min 增大到 80m/min，陶瓷材料的磨损率由 $1.7\times10^{-6}mm^3/(m\cdot N)$ 增大到 $10.6\times10^{-6}mm^3/(m\cdot N)$[188]；$Si_3N_4$ 陶瓷材料与奥氏体不锈钢（06Cr18Ni10Ti）对磨时，随着滑动速度由 31.2m/min 增大到 103.8m/min，陶瓷材料的磨损率由 $3\times10^{-6}mm^3/(m\cdot N)$ 增大到 $27.2\times10^{-6}mm^3/(m\cdot N)$[189]。

由图 6-11b 可知，当滑动速度为 15m/min 时，随着法向载荷从 50N 增大到 80N，陶瓷刀具材料的磨损率也逐渐增大，从 $0.19\times10^{-5}mm^3/(m\cdot N)$ 增大到 $0.41\times10^{-5}mm^3/(m\cdot N)$，大约增大了 116%。大量研究表明，陶瓷材料与钢材对磨时，磨损率随着法向载荷的增大而增大。例如：在 Al_2O_3 – TiC 陶瓷刀具材料与轴承钢对磨时，随着法向载荷从 20N 增加到 50N，陶瓷刀具材料的磨损率从 $1.0\times10^{-6}mm^3/(m\cdot N)$ 增加到 $1.5\times10^{-6}mm^3/(m\cdot N)$[194]；在 SiC 陶瓷材料与轴承钢对磨时，随着法向载荷从 2.5N 增加到 15N，陶瓷刀具材料的磨损率从 $1.5\times10^{-7}mm^3/(m\cdot N)$ 增大到 $4.2\times10^{-7}mm^3/(m\cdot N)$[195]；$\gamma$ – $Y_2Si_2O_7$ 陶瓷材料与轴承钢对磨时，随着法向载荷从 5N 增大到 15N，陶瓷刀具材料的磨损率从 $0.1\times10^{-4}mm^3/(m\cdot N)$ 逐渐增大到 $4.1\times10^{-4}mm^3/(m\cdot N)$[196]。

3. TiB_2 – HfN 陶瓷刀具材料与不锈钢 420 对磨后的磨损形貌

图 6-12 所示为 TiB_2 – HfN 陶瓷刀具材料与不锈钢 420 对磨后的磨损形貌及能谱。由图 6-12a 可见，对磨后的 TiB_2 – HfN 陶瓷刀具材料表面存在不连续的黑色片层结构（图中 a1 所在区域）和大片呈灰白色的晶粒剥落区（图中 a2 所在区域）。图 6-12a1 为图 6-12a 中 a1 区域的放大图，图 6-12a2 为图 6-12a 中 a2 区域的放大图。在图 6-12a1 和 a2 中，有分层、微裂纹、表面断裂和凹坑。不锈钢 420 的黏塑性较好，在热应力和压应力的作用下，会涂覆到陶瓷刀具材料表面，同时，从其上

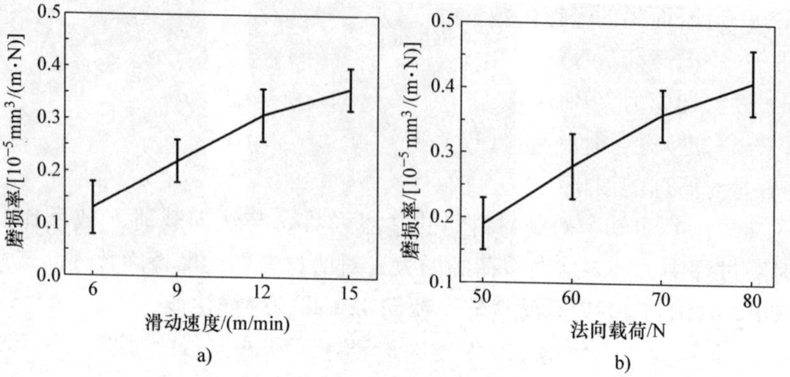

图 6-11　与不锈钢 420 对磨时滑动速度和法向载荷对 TiB_2 – HfN 陶瓷刀具材料磨损率的影响

a）滑动速度的影响　b）法向载荷的影响

脱落的部分磨屑会黏着到陶瓷刀具材料上，形成黏着层；黏着层脱落时会带走弱晶界结合的陶瓷材料，而留在陶瓷刀具材料磨损面上的强晶界结合的陶瓷刀具材料将形成图 6-12a 中的片层结构。在剪切应力的作用下，片层结构中的局部区域发生了塑性变形和位错，从而在片层结构中形成了分层。同时，随着对磨过程的进行，出现位错的分层结构将形成位错堆积，当位错堆积到一定程度时，在分层结构中将形成微裂纹。在持续压应力与剪切应力的共同作用下，微裂纹逐渐延伸，将导致片层结构中的局部表面发生断裂，并带走陶瓷刀具材料表面上的晶粒，形成凹坑。

图 6-12b1 ~ b3 分别为图 6-12 中 A、B、C 各点所对应的能谱，表 6-8 列出了点 A、B、C 处的元素含量。由图 6-12b1 结合表 6-8 可知，A 点处的元素主要为 Ti、B、Fe 和 O，其质量分数分别为 49.9%、22.5%、20.4% 和 3.0%，其中 Ti 与 B 的摩尔分数为 27.8% 和 55.6%，其摩尔比接近 1∶2，这表明 A 点处的片层结构主要为未剥落的 TiB_2 – HfN 陶瓷刀具材料的表面；同时，大量 Fe 的存在表明陶瓷刀具材料表面黏着了一定量的不锈钢 420；此外，O 元素的存在表明对磨材料发生了氧化反应。

表 6-8　点 A、B、C 处的元素含量

元素	A		B		C	
	质量分数（%）	摩尔分数（%）	质量分数（%）	摩尔分数（%）	质量分数（%）	摩尔分数（%）
Ti	49.9	27.8	61.4	31.9	15.3	12.4
B	22.5	55.6	28.3	65.1	6.7	24.3
Hf	1.3	0.2	6.4	0.9	1.6	0.3
N	0.1	0.2	0.4	0.8	0.1	0.3
Ni	0.6	0.3	1.1	0.4	0.1	0.1
Mo	0.3	0.1	1.1	0.3	0.2	0.1
Fe	20.4	9.8	1.0	0.4	65.4	45.8
Cr	1.9	1.0	0.2	0.1	5.5	4.2
O	3.0	5.0	0.1	0.1	5.1	12.5
总计	100	100	100	100	100	100

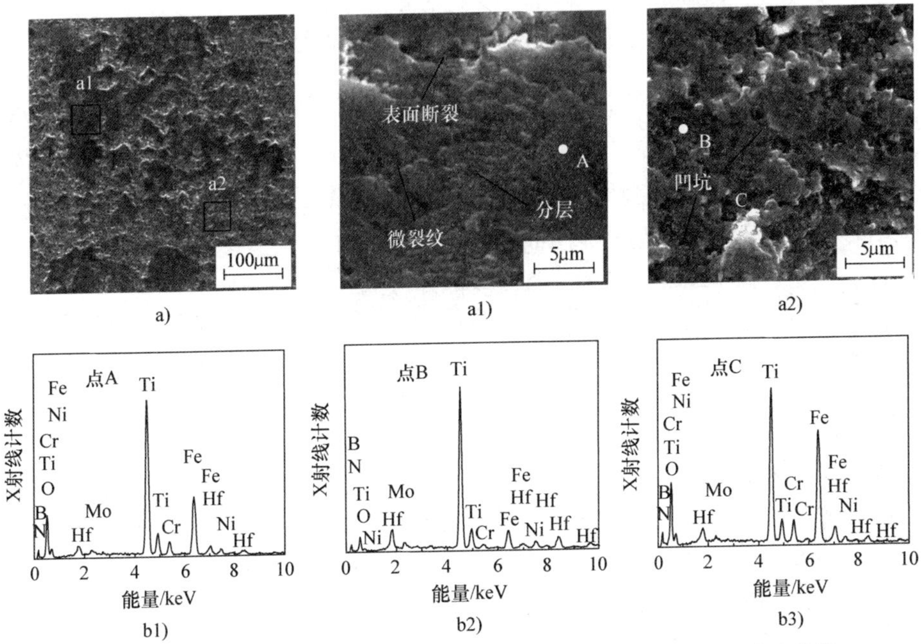

图 6-12　TiB_2 - HfN 陶瓷刀具材料与不锈钢 420 对磨后的磨损形貌及能谱

a）磨损形貌　a1）、a2）相应区域的放大图　b1）～b3）相应点的能谱

由图 6-12b2 结合表 6-8 可知，点 B 处的元素主要为 Ti 和 B 元素，其质量分数分别为 61.4% 和 28.3%，摩尔分数分别为 31.9% 和 65.1%，其摩尔比接近 1∶2，这表明点 B 处的成分为对磨后陶瓷刀具材料上裸露出的 TiB_2 晶粒。由图 6-12b3 结合表 6-8 可知，点 C 处的元素主要为 Fe、Ti、B、Cr 和 O 元素，其中 Ti 和 B 元素的质量分数分别为 15.3% 和 6.7%，摩尔分数分别为 12.4% 和 24.3%，其摩尔比接近 1∶2，这表明 C 点处含有一定量的 TiB_2；同时，点 C 除了含有 TiB_2 - HfN 陶瓷刀具材料本身的 Ti 和 B 元素外，还含有大量的来自不锈钢 420 对磨球中的 Fe 和 Cr 元素，这表明在陶瓷刀具材料与不锈钢 420 对磨过程中，不锈钢 420 的成分黏着或扩散到了陶瓷刀具材料的表面；此外，O 元素的存在表明对磨材料发生了氧化反应。

由上述可知，在对磨过程中有氧化反应发生，Fe 能够与空气中的氧气发生反应生成 Fe_xO_y，TiB_2能够与氧气反应生成 B_2O_3和 TiO_2[197]；其次，HfN 与氧气能够发生反应生成 HfO_2；再次，根据化学反应原理可知，Cr 与氧气会发生下列反应：

$$4Cr + 3O_2 = 2Cr_2O_3 \tag{6-11}$$

因此，TiB_2 - HfN 陶瓷刀具材料在与不锈钢 420 对磨后，其表面生成的潜在氧化物有 Fe_xO_y、TiO_2、B_2O_3、HfO_2和 Cr_2O_3。对磨过程中生成的氧化层有利于阻止陶瓷刀具材料进一步发生氧化反应，同时可起到润滑减小摩擦的作用。

6.2.2 TiB_2 - HfC 陶瓷刀具材料与不锈钢的摩擦磨损性能

TiB_2 - HfC 陶瓷刀具材料是依据第 5 章通过控制变量法所优选的陶瓷刀具材料，其组分和性能见表 6-3。试样的尺寸为 4mm × 3mm × 20mm，表面粗糙度 *Ra* 为 0.93μm。与陶瓷刀具材料对磨的材料为奥氏体不锈钢 316（美国牌号），其硬度为 198HRB，表面粗糙度 *Ra* 为 0.03μm，尺寸为 $S\phi5$mm，化学成分见表 6-9。

表 6-9 奥氏体不锈钢 316 的化学成分（质量分数） （%）

牌号	C	Si	Mn	S	P	Mo	Cr	Ni
316	≤0.08	≤1.00	≤2.00	≤0.030	≤0.045	2.00 ~ 3.00	16.0 ~ 18.0	10.0 ~ 14.0

TiB_2 - HfC 陶瓷刀具材料试样条与奥氏体不锈钢 316 对磨球在干摩擦磨损条件下完成对磨，测试不同滑动速度和不同法向载荷下的摩擦因数和磨损率，以及陶瓷刀具材料对磨后的磨损形貌。对磨参数：对磨时间为 30min，滑动行程为 5mm，法向载荷为 70N 时，滑动速度分别为 6m/min、9m/min、12m/min、15m/min；对磨时间为 30min，滑动行程为 5mm，滑动速度为 15m/min 时，法向载荷分别为 50N、60N、70N、80N。

1. TiB_2 - HfC 陶瓷刀具材料与奥氏体不锈钢 316 间的摩擦性能

图 6-13 所示滑动速度和法向载荷对 TiB_2 - HfC 陶瓷刀具材料与奥氏体不锈钢 316 间摩擦因数的影响。由图 6-13a 可见，当法向载荷为 70N 不变时，随着滑动速度从 6m/min 增大到 15m/min，TiB_2 - HfC 陶瓷刀具材料与奥氏体不锈钢 316 间的摩擦因数不断减小，从 0.44 减小到 0.19，减小了 56.8%。这表明当法向载荷一定时，随着滑动速度的增大，对磨材料间的摩擦因数逐渐减小。由图 6-13b 可见，当滑动速度为 15m/min 不变时，随着法向载荷从 50N 增大到 80N，对磨材料间的摩擦因数不断减小，从 0.39 减小到 0.14，减小了 64.1%，这表明当滑动速度一定时，随着法向载荷的增大，对磨材料间的摩擦因数逐渐减小。

2. TiB_2 - HfC 陶瓷刀具材料与奥氏体不锈钢 316 间的磨损性能

图 6-14 所示为与奥氏体不锈钢 316 对磨时滑动速度和法向载荷对 TiB_2 - HfC 陶瓷刀具材料磨损率的影响。由图 6-14a 可见，在对磨时间为 30min，法向载荷为 70N 时，随着滑动速度从 6m/min 增大到 15m/min，TiB_2 - HfC 陶瓷刀具材料的磨损率不断增大，从 $0.23 \times 10^{-5} mm^3/(m \cdot N)$ 增大到 $0.83 \times 10^{-5} mm^3/(m \cdot N)$，增加了 193.9%。这表明当法向载荷一定时，随着滑动速度的增大，陶瓷刀具材料的磨损率逐渐增大。由图 6-14b 可见，在对磨时间为 30min，滑动速度为 15m/min 时，随着法向载荷从 50N 增大到 80N，TiB_2 - HfC 陶瓷刀具材料磨损率不断增大，从 $0.23 \times 10^{-5} mm^3/m \cdot N$ 增大到 $1.12 \times 10^{-5} mm^3/m \cdot N$，增大了 387%。这表明当滑动速度一定时，随着法向载荷的增大，陶瓷刀具材料的磨损率逐渐增大。

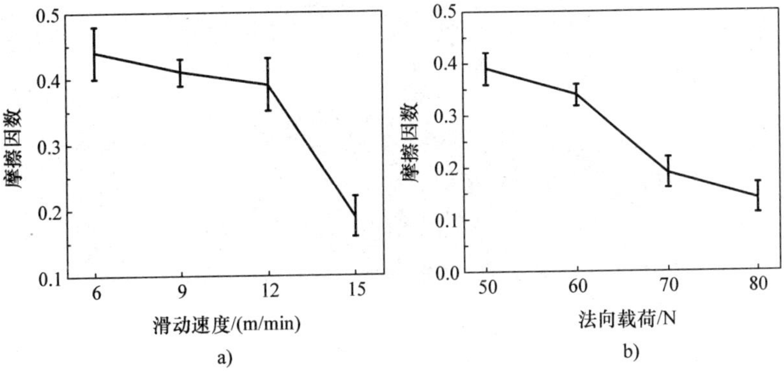

图 6-13　滑动速度和法向载荷对 TiB_2 – HfC 陶瓷刀具材料与奥氏体不锈钢 316 间摩擦因数的影响

a）滑动速度的影响　b）法向载荷的影响

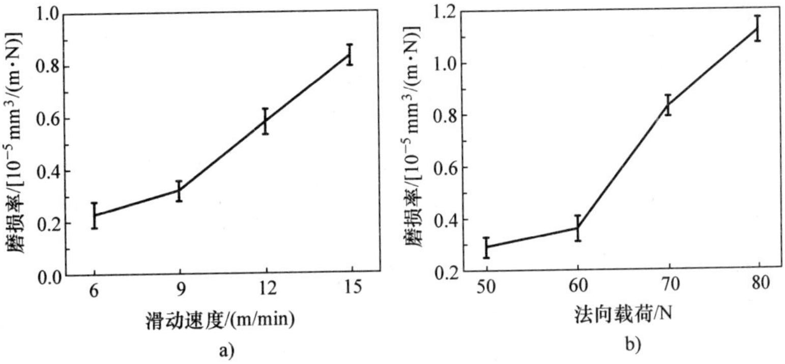

图 6-14　与奥氏体不锈钢 316 对磨时滑动速度和法向载荷对 TiB_2 – HfC 陶瓷刀具材料磨损率的影响

a）滑动速度的影响　b）法向载荷的影响

3. TiB_2 – HfC 陶瓷刀具材料与奥氏体不锈钢 316 对磨后的磨损形貌

图 6-15 所示为 TiB_2 – HfC 陶瓷刀具材料与奥氏体不锈钢 316 对磨后的磨损形貌及能谱。由图 6-15a 可见，TiB_2 – HfC 陶瓷刀具材料的磨损面存在片层结构（图中 a1 所在区域）、晶粒剥落（图中 a2 所在区域）和微裂纹，其形成机制与 TiB_2 – HfN 陶瓷刀具材料磨损面上的显微结构形成机制相同。图 6-15a1 和 a2 分别为图 6-15a 中 a1 和 a2 区域大倍数下的形貌。不锈钢 316 在陶瓷刀具材料表面形成的黏着层在热应力和压应力的作用下，脱落时会带走弱晶界结合的陶瓷材料，而留在陶瓷刀具材料磨损面上的强晶界结合的陶瓷刀具材料将形成如图 6-15a 中所示的片层结构。在压应力和剪切应力的共同作用下，片层上容易产生微裂纹（如图 6-15a 中箭头所示），微裂纹在剪切力的作用下会继续扩展直至片层剥落，将形成图 6-15a 中椭圆内的形貌或图 6-15a2 所示的形貌。

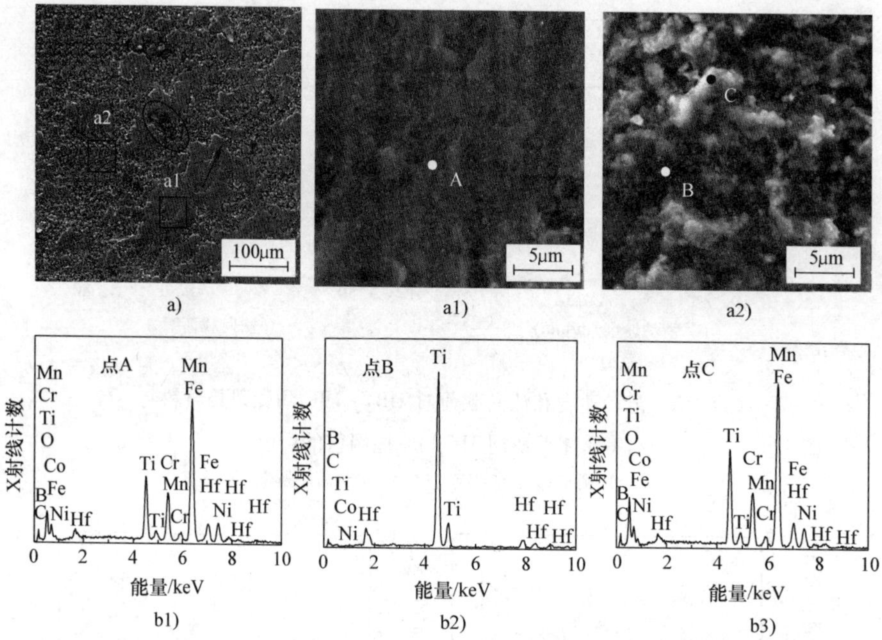

图6-15　TiB_2-HfC陶瓷刀具材料与奥氏体不锈钢316对磨后的磨损形貌及能谱

a）磨损形貌　a1）、a2）相应区域的放大图　b1）~b3）相应点的能谱

图6-15b1 ~ b3分别为图6-15中A、B、C各点所对应的能谱，表6-10列出了点A、B、C处的元素含量。由图6-15b1结合表6-10可知，点A处的元素主要为Fe、Ti、B、Cr和O，其质量分数分别为61.9%、14.8%、6.6%、5.4%和4.3%，其中Ti与B的摩尔分数分别为12.3%和24.2%，其摩尔比接近1∶2，这表明点A处的片层结构主要为未剥落的TiB_2-HfC陶瓷刀具材料的表面；同时，大量Fe和Cr的存在表明陶瓷刀具材料表面黏着了一定量的奥氏体不锈钢316；此外，O元素的存在表明对磨材料发生了氧化反应。

表6-10　点A、B、C处的元素含量

元素	A		B		C	
	质量分数（%）	摩尔分数（%）	质量分数（%）	摩尔分数（%）	质量分数（%）	摩尔分数（%）
Ti	14.8	12.3	64.6	33.3	36.1	23.3
B	6.6	24.2	28.4	64.7	16.0	45.9
Hf	2.5	0.5	5.9	0.8	6.0	1.0
C	0.2	0.7	0.4	0.9	0.5	1.3
Ni	1.2	0.8	0.3	0.1	2.0	1.0
Co	1.2	0.8	0.4	0.2	1.5	0.8

（续）

元素	A		B		C	
	质量分数（%）	摩尔分数（%）	质量分数（%）	摩尔分数（%）	质量分数（%）	摩尔分数（%）
Fe	61.9	44.1	0	0	28.1	15.5
Cr	5.4	4.1	0	0	3.5	2.1
Mn	1.9	1.4	0	0	2.3	1.3
O	4.3	11.0	0	0	4.0	7.8
总计	100	100	100	100	100	100

由图 6-15b2 结合表 6-10 可知，点 B 处的元素主要为 Ti 和 B 元素，其质量分数分别为 64.6% 和 28.4%，摩尔分数分别为 33.3% 和 64.7%，其摩尔比接近 1∶2，且在点 B 处未检测到 Fe、Cr、Mn、O 元素，这表明点 B 处的成分为对磨后陶瓷刀具材料上裸露出的TiB_2晶粒。由图 6-15b3 结合表 6-10 可知，点 C 处的元素主要为 Ti、Fe、B、Hf 和 O 元素，其中 Ti 和 B 元素的质量分数分别为 36.1% 和 16.0%，其摩尔分数分别为 23.3% 和 45.9%，其摩尔比接近 1∶2，这表明点 C 处含有一定量的TiB_2；Hf 的摩尔分数与 C 的摩尔分数分别为 1.0% 和 1.3%，其摩尔比接近 1∶1，这表明点 C 处还含有少量的 HfC；同时，点 C 除了含有 TiB_2 - HfC 陶瓷刀具材料本身的 Ti、B、Hf 和 C 元素外，还含有大量的来自奥氏体不锈钢 316 对磨球中的 Fe 元素，这表明在陶瓷刀具材料与奥氏体不锈钢 316 对磨过程中，奥氏体不锈钢 316 的成分黏着或扩散到了陶瓷刀具材料的表面；此外，O 元素的存在表明对磨材料发生了氧化反应。

由上述可知，在 TiB_2 - HfC 陶瓷刀具材料磨损面上留有一定量的氧化物，由前文可知，可能存在的氧化物有 Fe_xO_y、TiO_2、B_2O_3、HfO_2和 Cr_2O_3。

6.2.3　TiB_2 - HfB_2陶瓷刀具材料与不锈钢的摩擦磨损性能

TiB_2 - HfB_2陶瓷刀具材料是依据第 5 章通过控制变量法所优选的陶瓷刀具材料，其组分和性能见表 6-5。试样的尺寸为 4mm × 3mm × 20mm，表面粗糙度 *Ra* 为 0.33μm。与陶瓷刀具材料对磨的材料为不锈钢 440C（美国牌号），其硬度为 269HRB，表面粗糙度 *Ra* 为 0.03μm，尺寸为 $S\phi5$mm，化学成分见表 6-11。

表 6-11　不锈钢 440C 的化学成分（质量分数）　　（%）

牌号	C	Si	Mn	S	P	Cr
440C	0.95 ~ 1.20	≤1.00	≤1.00	≤0.030	≤0.040	16.0 ~ 18.0

TiB_2 - HfB_2陶瓷刀具材料试样条与不锈钢 440C 对磨球在干摩擦磨损条件下完成对磨，测试不同滑动速度和不同法向载荷下的摩擦因数和磨损率，以及陶瓷刀具

材料对磨后的磨损形貌。对磨参数：对磨时间为30min，滑动行程为5mm，法向载荷为70N时，滑动速度分别为6m/min、9m/min、12m/min、15m/min；对磨时间为30min，滑动行程为5mm，滑动速度为15m/min时，法向载荷分别为50N、60N、70N、80N。

1. TiB_2 - HfB_2陶瓷刀具材料与不锈钢440C间的摩擦性能

图6-16所示为滑动速度和法向载荷对TiB_2 - HfB_2陶瓷刀具材料与不锈钢440C间摩擦因数的影响。由图6-16a可见，在法向载荷为70N时，随着滑动速度由6m/min逐渐增大到15m/min，摩擦因数由0.42逐渐减小到0.22，减小了47.62%。这表明当法向载荷一定时，随着滑动速度的增大，对磨材料间的摩擦因数逐渐减小。由图6-16b可见，在滑动速度为15m/min时，随着法向载荷由50N逐渐增大到80N，摩擦因数由0.39逐渐减小到0.18，减小了53.85%。这表明当滑动速度一定时，随着法向载荷的增大，对磨材料间的摩擦因数逐渐减小。

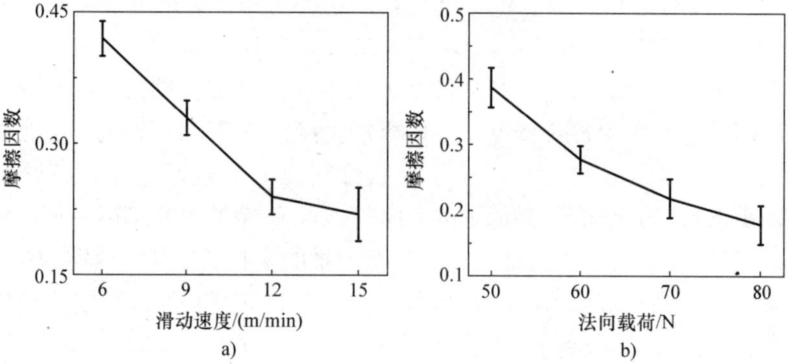

图6-16 滑动速度和法向载荷对TiB_2 - HfB_2陶瓷刀具材料与不锈钢440C间摩擦因数的影响

a）滑动速度的影响 b）法向载荷的影响

2. TiB_2 - HfB_2陶瓷刀具材料与不锈钢440C间的磨损性能

图6-17所示为与不锈钢440C对磨时滑动速度和法向载荷对TiB_2 - HfB_2陶瓷刀具材料磨损率的影响。由图6-17a可见，在法向载荷为70N时，随着滑动速度由6m/min逐渐增大到15m/min，TiB_2 - HfB_2陶瓷刀具材料的磨损率逐渐增大，由$0.13\times10^{-5}mm^3/(m\cdot N)$增大到$0.42\times10^{-5}mm^3/(m\cdot N)$。这表明当法向载荷一定时，随着滑动速度的增大，$TiB_2$ - HfB_2陶瓷刀具材料的磨损率逐渐增大。由图6-17b可见，在滑动速度为15m/min时，随着法向载荷由50N逐渐增大到80N，TiB_2 - HfB_2陶瓷刀具材料的磨损率逐渐增大，由$0.17\times10^{-5}mm^3/(m\cdot N)$增大到$0.51\times10^{-5}mm^3/(m\cdot N)$。这表明当滑动速度一定时，随着法向载荷的增大，$TiB_2$ - HfB_2陶瓷刀具材料的磨损率逐渐增大。

3. TiB_2 - HfB_2陶瓷刀具材料与不锈钢440C对磨后的磨损形貌

图6-18是TiB_2 - HfB_2陶瓷刀具材料与不锈钢440C对磨后的磨损形貌及能谱。

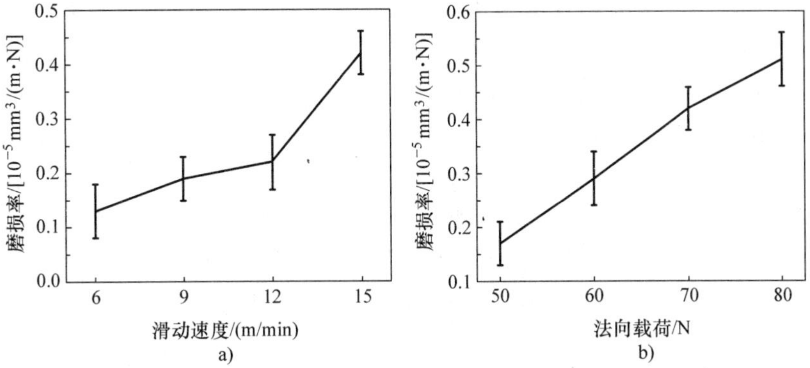

图 6-17　与不锈钢 440C 对磨时滑动速度和法向载荷对 TiB_2 - HfB_2 陶瓷刀具材料磨损率的影响

a）滑动速度的影响　b）法向载荷的影响

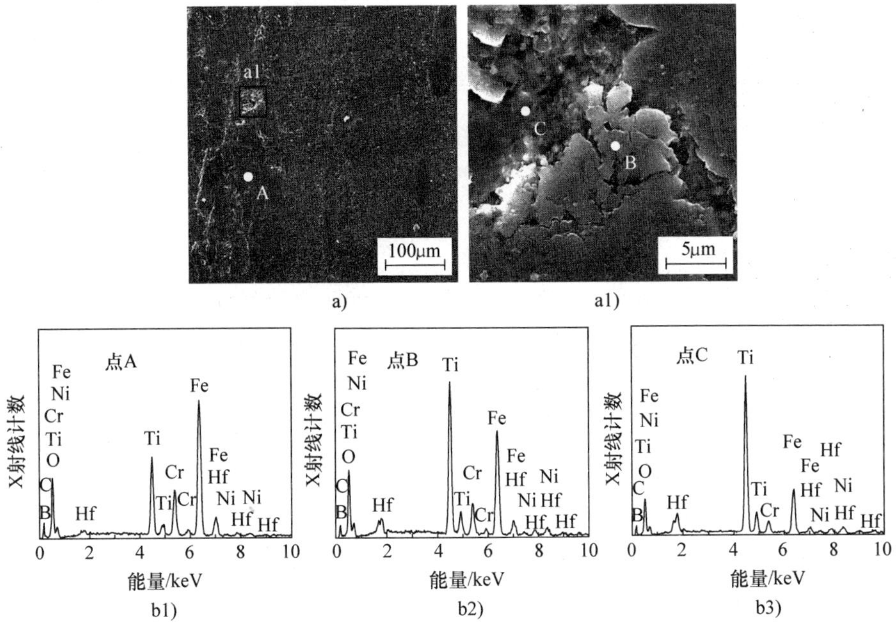

图 6-18　TiB_2 - HfB_2 陶瓷刀具材料与不锈钢 440C 对磨后的磨损形貌及能谱

a）磨损形貌　a1）相应区域的放大图　b1）~ b3）相应点的能谱

由图 6-18a 可见，TiB_2 - HfB_2 陶瓷刀具材料磨损面也存在片层结构和晶粒剥落区（图中 a1 所在区域），其形成机制与 TiB_2 - HfN 陶瓷刀具材料磨损面上的显微结构形成机制相同。图 6-18a1 为图 6-18a 中 a1 区域的放大图，由该图可见，磨损面上有压溃面和破损面。片层结构在法向载荷和往复摩擦力的作用下，将出现裂纹，随着裂纹的扩展，各处裂纹交汇形成压溃面。由于压溃面上材料与基体间的结合力较弱，在剪切应力的作用下，易于脱落形成破损面。图 6-18b1 ~ b3 分别为图 6-18 中

A、B、C各点所对应的能谱，表6-12列出了点A、B、C处的元素含量。由图6-18b1结合表6-12可知，点A处的元素主要为Fe、Ti、B、Hf和O，其质量分数分别为60.1%、17.2%、8.5%、6.4%和3.5%，其中Ti与B的摩尔分数分别为14.0%和30.9%，其摩尔比小于1:2，且Hf与Ti的摩尔分数之和与B的摩尔分数比，即摩尔比接近1:2，这表明点A处的片层结构主要为未剥落的TiB_2-HfB_2陶瓷刀具材料的表面；同时，大量Fe的存在表明陶瓷刀具材料表面黏着了一定量的不锈钢440C；此外，O元素的存在表明对磨材料发生了氧化反应。

表6-12　点A、B、C处的元素含量

元素	A		B		C	
	质量分数（%）	摩尔分数（%）	质量分数（%）	摩尔分数（%）	质量分数（%）	摩尔分数（%）
Ti	17.2	14.0	38.3	23.9	47.8	27.5
B	8.5	30.9	19.1	52.6	23.7	60.6
Hf	6.4	1.4	10.0	1.7	12.5	1.9
Ni	0.6	0.4	1.4	0.7	1.7	0.8
Fe	60.1	42.1	26.8	14.4	11.1	5.6
Cr	3.7	2.8	1.2	0.7	1.6	0.8
O	3.5	8.4	3.2	6.0	1.6	2.8
总计	100	100	100	100	100	100

由图6-18b2结合表6-12可知，点B处的元素主要为Ti、Fe、B、Hf和O，其质量分数分别为38.3%、26.8%、19.1%、10.0%和3.2%，其中Ti与B的摩尔分数为23.9%和52.6%，其摩尔比略小于1:2，且Hf与Ti的摩尔分数之和与B的摩尔分数比，即摩尔比接近1:2，这表明点B处的破损材料主要为未剥落的TiB_2-HfB_2陶瓷刀具材料；同时，大量Fe的存在表明陶瓷刀具材料表面黏着了一定量的不锈钢440C；此外，O元素的存在表明对磨材料发生了氧化反应。

同样，由图6-18b3结合表6-12可知，点C处的元素主要为Ti、B、Hf和Fe，其质量分数分别为47.8%、23.7%、12.5%和11.1%，其中Ti和B元素的摩尔分数分别为27.5%和60.6%，其摩比比略小于1:2，且Hf与Ti的摩尔分数之和与B的摩尔分数比，即摩尔比接近1:2，Hf的摩尔分数远小于Ti的摩尔分数，这表明C点为裸露出来的TiB_2晶粒；同时，点C除了含有TiB_2-HfB_2陶瓷刀具材料本身的Ti和B元素外，还含有大量的来自不锈钢440C对磨球中的Fe元素，这表明在陶瓷刀具材料与不锈钢440C对磨过程中，不锈钢440C的成分黏着或扩散到了陶瓷刀具材料的表面，对磨材料发生了黏着磨损或成分的扩散；此外，O元素的存在表明对磨材料发生了氧化反应。

由上述可知，在TiB_2-HfB_2陶瓷刀具材料磨损面上留有一定量的氧化物，这

些氧化物可能是 Fe_xO_y、TiO_2、B_2O_3、HfO_2和 Cr_2O_3。

6.2.4　新型 TiB_2基陶瓷刀具材料与不锈钢的磨损机理

由前文可知，TiB_2基陶瓷刀具材料与不锈钢对磨后，其磨损面上存在片层结构、微裂纹和凹坑。这些显微结构形成于摩擦磨损的不同阶段，且其形成机制不同。

在对磨初期，TiB_2基陶瓷刀具材料和不锈钢对磨球的表面粗糙度值虽然很小，但其表面并非绝对光滑，均存在微凸体，其接触面积较小，在法向载荷的作用下，接触区的压应力较大。依据式（6-6）可以估算最大压应力：将 TiB_2和不锈钢的弹性模量 560GPa 和 220GPa、泊松比 0.28 和 0.31、对磨球的半径 2.5mm、法向载荷 60N 代入式（6-6），可得最大压应力约为 3828MPa。微凸体将相互啮合，在大的压应力与剪切应力的作用下，由于 TiB_2基陶瓷刀具材料的硬度远高于不锈钢，因此不锈钢上的微凸体及陶瓷刀具材料中结合力较弱的微凸体将先发生剥落形成磨屑，陶瓷刀具材料结合力较弱的微凸体脱落时会在材料表面形成凹坑；同时，部分磨屑在对磨过程中将被带出接触区，而部分将留在接触区。留在接触区的软质磨屑将被压入对磨材料的微孔隙内或凹坑中，起到减小摩擦的作用；而留在接触区的硬质磨屑将嵌入不锈钢表面，这些硬质磨屑将起到磨粒磨削的作用。随着不锈钢表面的微凸体被去除，接触区的面积逐渐增大，由于摩擦而产生的热也越来越多，对磨区的温度逐渐升高。陶瓷刀具材料表面未脱落的微凸体在热应力、剪切应力和压应力的作用下，将从陶瓷刀具材料表面脱落，接触区的面积将进一步增大，磨损将进入稳定磨损阶段。

在稳定磨损阶段，随着对磨的进行，摩擦区的温度逐渐升高。依据式（6-7）可估算摩擦区的最高温度：首先，依据 TiB_2基陶瓷刀具材料与不锈钢间的摩擦因数分别为 0.42、0.34 和 0.28，确定其平均值为 0.35；然后，将对磨球的半径 2.5mm、法向载荷 60N、TiB_2和不锈钢的泊松比 0.28 和 0.31 以及它们的弹性模量 560GPa 和 220GPa 代入式（6-8），可得接触区圆的半径 r 约为 0.0865mm；最后，将平均摩擦因数 0.35、滑动速度 15m/min、法向载荷 60N、接触区圆的半径 0.0865mm 以及 TiB_2和不锈钢的热导率 24W/(m·K) 和 16W/(m·K) 代入式（6-7），可得最高温度为 379K。此外，还可以利用温度测试仪对摩擦区的温度进行测试。在硬质合金与 45 钢对磨时，当法向载荷为 40N 时，所测对磨区的稳态温度范围为 100～200℃；当法向载荷为 180N 时，稳态温度的范围为 250～300℃[198]。由此可见，估算温度 379K 与实测温度相差不大。在高温作用下，摩擦区的一些元素将与氧气发生反应形成氧化物，这些氧化物可起到一定程度的润滑作用从而阻碍对磨材料的磨损。此外，在高温作用下，从不锈钢上脱落的留在摩擦区的磨屑将发生软化，被压入陶瓷刀具材料表面的凹坑中，在压应力和高温的作用下将与陶瓷刀具材料发生相互扩散。同时，陶瓷刀具材料中的金属黏结相也将发生软化，在交变热应力和剪切应力的作用下，陶瓷刀具材料表面的部分晶粒将发生脱落形成凹坑。

由于陶瓷刀具材料的硬度较高，陶瓷从刀具材料上脱落的硬质磨粒将起到磨粒磨损的作用，对陶瓷刀具材料和不锈钢进行划擦。由于不锈钢的硬度较低且具有良好的黏塑性，在硬质磨粒的划擦作用下，不锈钢的磨损将加剧，从其上脱落的大量磨屑在高温和压应力的作用下，将黏着到陶瓷刀具材料表面形成黏着层。这些黏着层在热应力、交变压应力和剪切应力以及黏着力的共同作用下，将会发生脱落，其脱落时会带走弱晶界结合处的陶瓷颗粒，造成黏着磨损。留在陶瓷刀具材料上的强结合面继续参与对磨，在交变热应力和剪切应力的作用下，其破损处的边缘晶粒将发生疲劳破坏，产生裂纹，形成弱晶界结合。在往复摩擦磨损的作用下，这些弱晶界结合处的陶瓷颗粒将被带走。在黏着层的形成、黏着层的脱落、陶瓷材料由强结合面变成弱晶界结合到被带走的这个过程循环数次后，强晶界结合的表面将减小，剩余的强结合面将形成片层结构。随着摩擦热的大量积聚，黏着磨损、磨粒磨损和氧化磨损加剧，磨损面上将形成较多的凹坑，摩擦因数和磨损率都将增大，陶瓷刀具材料进入急剧磨损阶段。

综上所述，在TiB_2基陶瓷刀具材料与不锈钢的对磨初期，以对磨材料上的微凸体剥落为主；在对磨中后期，以黏着层的形成、脱落、再形成、再脱落为主，在陶瓷刀具材料表面留有片层结构、微裂纹和凹坑；同时，在摩擦热的作用下，对磨材料发生了氧化，TiB_2基陶瓷刀具材料表面的主要氧化物有Fe_xO_y、TiO_2、B_2O_3、HfO_2和Cr_2O_3。与不锈钢对磨时，TiB_2基陶瓷刀具材料的磨损机理主要为黏着磨损、磨粒磨损和氧化磨损。

6.3 TiB_2基陶瓷刀具材料与钛合金的摩擦磨损性能

6.3.1 TiB_2-HfN陶瓷刀具材料与钛合金的摩擦磨损性能

TiB_2-HfN陶瓷刀具材料的组分和性能见表6-1。试样的尺寸为4mm×3mm×20mm，表面粗糙度Ra为0.75μm。与陶瓷刀具材料对磨的材料为钛合金TA2，其硬度为32~38HRC，表面粗糙度Ra为0.03μm，尺寸为$S\phi$5mm，化学成分见表6-13。

表6-13 钛合金TA2的化学成分（质量分数） （%）

牌号	Ti	Fe	C	N	H	O	其他元素总和
TA2	余量	≤0.30	≤0.08	≤0.03	≤0.015	≤0.25	≤0.40

TiB_2-HfN陶瓷刀具材料试样条与钛合金TA2对磨球在干摩擦磨损条件下完成对磨，测试不同滑动速度和不同法向载荷下的摩擦因数和磨损率，以及陶瓷刀具材

料对磨后的磨损形貌。对磨参数：对磨时间为 30min，滑动行程为 5mm，法向载荷为 70N 时，滑动速度分别为 6m/min、9m/min、12m/min、15m/min；对磨时间为 30min，滑动行程为 5mm，滑动速度为 15m/min 时，法向载荷分别为 50N、60N、70N、80N。

1. TiB_2 – HfN 陶瓷刀具材料与钛合金 TA2 间的摩擦性能

图 6-19 所示为滑动速度和法向载荷对 TiB_2 – HfN 陶瓷刀具材料与钛合金 TA2 间摩擦因数的影响。由图 6-19a 可知，当法向载荷为 70N 时，随着滑动速度由 6m/min 增大到 15m/min，对磨面间的摩擦因数逐渐由 0.61 减小到 0.45，大约减小了 26%。

由图 6-19b 可知，当滑动速度为 15m/min 时，随着法向载荷从 50N 增大到 80N，对磨面间的摩擦因数逐渐由 0.54 减小到 0.37，大约减小了 31%。Si_3N_4 陶瓷材料与 TC4 钛合金对磨时也有相同的趋势，随着法向载荷由 6N 增大到 100N 时，对磨材料间的摩擦因数由 0.44 减小到 0.29[199]，这种趋势可由式（6-1）或式（6-10）来进行解释。

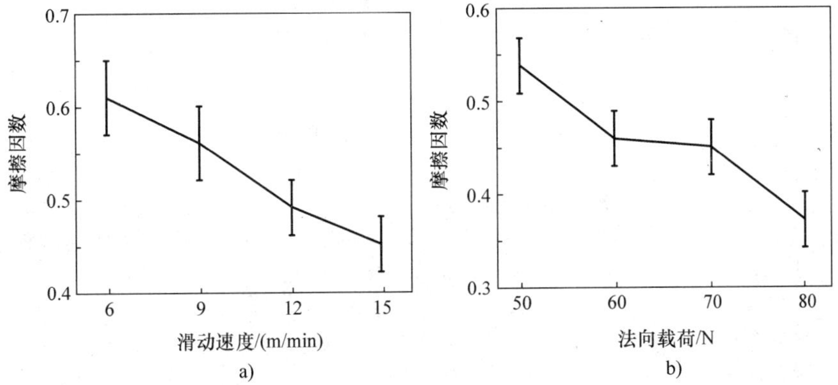

图 6-19　滑动速度和法向载荷对 TiB_2 – HfN 陶瓷刀具材料与钛合金 TA2 间摩擦因数的影响

a）滑动速度的影响　b）法向载荷的影响

2. TiB_2 – HfN 陶瓷刀具材料与钛合金 TA2 间的磨损性能

图 6-20 所示为与钛合金 TA2 对磨时滑动速度和法向载荷对 TiB_2 – HfN 陶瓷刀具材料磨损率的影响。由图 6-20a 可知，当法向载荷为 70N 时，随着滑动速度从 6m/min 增大到 15m/min，TiB_2 – HfN 陶瓷刀具材料表面的磨损率明显增大，由 $7.21\times10^{-5}mm^3/(m\cdot N)$ 增大到 $9.32\times10^{-5}mm^3/(m\cdot N)$，大约增大了 29%。这表明当法向载荷一定时，随着滑动速度的增大，TiB_2 – HfN 陶瓷刀具材料的磨损率逐渐增大。

由图 6-20b 可知，当滑动速度为 15m/min 时，随着法向载荷从 50N 增大到 80N，TiB_2 – HfN 陶瓷刀具材料表面的磨损率显著增大，由 $8.16\times10^{-5}mm^3/(m\cdot N)$ 增大到

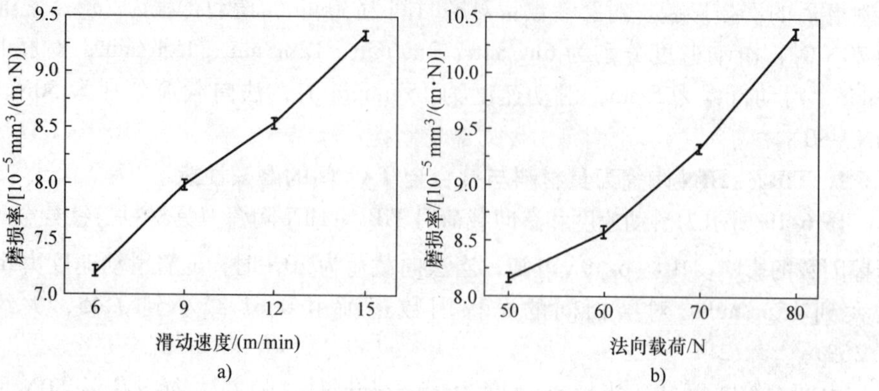

图6-20　与钛合金TA2对磨时滑动速度和法向载荷对TiB_2－HfN陶瓷刀具材料磨损率的影响

a）滑动速度的影响　b）法向载荷的影响

$10.35\times10^{-5}mm^3/(m\cdot N)$，大约增大了27%。这表明当滑动速度一定时，随着法向载荷的增大，TiB_2－HfN陶瓷刀具材料的磨损率逐渐增大。

3. TiB_2－HfN陶瓷刀具材料与钛合金TA2对磨后的磨损形貌

图6-21所示为TiB_2－HfN陶瓷刀具材料与钛合金TA2对磨后的磨损形貌及能谱。由图6-21a可见，TiB_2－HfN陶瓷刀具材料磨损面上存在片层结构（a1所在区域）和晶粒剥落区（a2所在区域），其形成机理与前述片层结构和晶粒剥落的形成

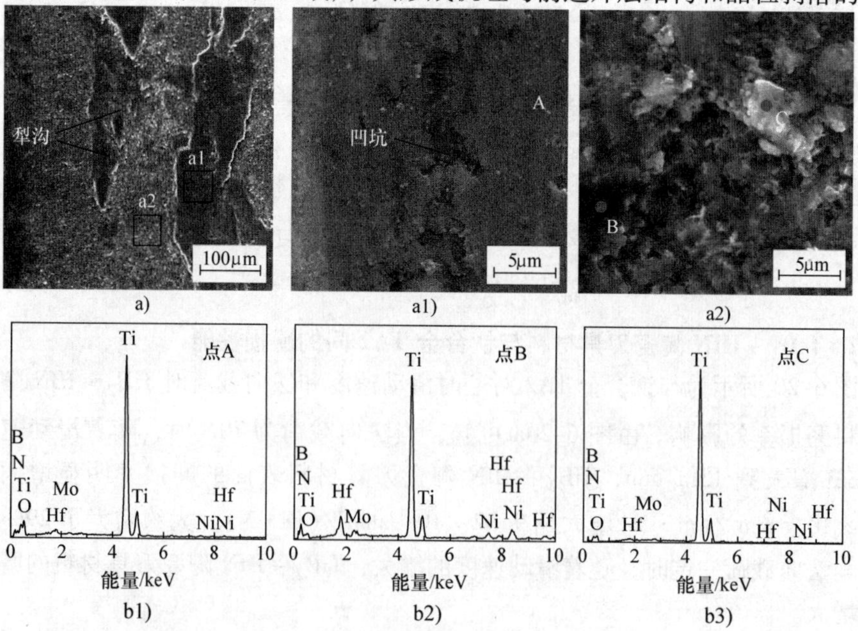

图6-21　TiB_2－HfN陶瓷刀具材料与钛合金TA2对磨后的磨损形貌及能谱

a）磨损形貌　a1）、a2）相应区域的放大图　b1）～b3）相应点的能谱

机理相同，但由于钛合金 TA2 的黏塑性比不锈钢好，因此，所形成的片层结构更连续。图 6-21a1 为图 6-21a 中 a1 区域的放大图，图 6-21a2 为图 6-21a 中 a2 区域的放大图。此外，在图 6-21 中还存在凹坑和犁沟。凹坑是由陶瓷刀具材料的晶粒发生黏着脱落形成的，犁沟是由硬质磨粒划擦片层造成的。这表明陶瓷刀具材料发生了黏着磨损和磨粒磨损。

图 6-21b1 ~ b3 分别为图 6-21 中 A、B、C 各点所对应的能谱，表 6-14 列出了点 A、B、C 处的元素含量。由图 6-21b1 结合表 6-14 可知，点 A 处的元素主要为 Ti、O 和 B，其质量分数分别为 85.8%、11.6% 和 1.8%，其中 Ti 与 B 的摩尔分数分别为 66.4% 和 6.0%，其摩尔比约为 11∶1，这些表明在对磨过程中，大量的钛合金黏着到了 TiB_2 – HfN 陶瓷刀具材料的表面，形成了黏着层；在片层表面检测到的大量 O 元素表明对磨材料发生了氧化反应。

表 6-14　点 A、B、C 处的元素含量

元素	A		B		C	
	质量分数(%)	摩尔分数(%)	质量分数(%)	摩尔分数(%)	质量分数(%)	摩尔分数(%)
Ti	85.8	66.4	65.2	32.4	73.5	45.6
B	1.8	6.0	29.1	64.3	12.9	35.5
Hf	0.4	0.1	2.5	0.3	3.0	0.5
N	0.1	0.2	0.2	0.3	0.2	0.4
Ni	0.1	0.1	0.6	0.2	0.4	0.2
Mo	0.2	0.1	0.9	0.2	0.5	0.2
O	11.6	27.2	1.5	2.3	9.5	17.6
总计	100	100	100	100	100	100

由图 6-21b2 结合表 6-14 可知，点 B 处的元素主要为 Ti 和 B，其质量分数分别为 65.2% 和 29.1%，摩尔分数含量分别为 32.4% 和 64.3%，其摩尔比约为 1∶2，这表明点 B 处的材料主要为裸露出来的 TiB_2晶粒。

同样，由图 6-21b3 结合表 6-14 可知，点 C 处的元素主要为 Ti、B、O 和 Hf，其质量分数分别为 73.5%、12.9%、9.5% 和 3.0%，其中 Ti 和 B 元素的摩尔分数分别为 45.6% 和 35.5%，其摩尔比约为 1.3∶1，此值远大于原陶瓷刀具材料中 TiB_2的 Ti 与 B 的摩尔比 1∶2，这说明点 C 存在一定量的非陶瓷刀具材料上的 Ti 元素，这表明在对磨过程中，裸露出来的陶瓷晶粒对钛合金进行了划擦，因而其表面黏着了大量的钛合金；Hf 的摩尔分数为 0.5%，N 的摩尔分数为 0.4%，其摩尔比约为 1∶1，这表明点 C 处含有极少量的 HfN；此外，O 元素的存在表明对磨材料发生了氧化反应。

由上述可知，在 TiB_2 – HfN 陶瓷刀具材料与钛合金 TA2 对磨过程中有氧化反应发生，TiB_2、HfN 和 Ti 均会与氧气发生反应，因此，陶瓷刀具材料磨损面上潜

在的氧化物有 TiO_2、B_2O_3和 HfO_2。

6.3.2 TiB_2 - HfC 陶瓷刀具材料与钛合金的摩擦磨损性能

TiB_2 - HfC 陶瓷刀具材料是依据第 5 章通过控制变量法所优选的陶瓷刀具材料，其组分和性能见表 6-3。试样的尺寸为 4mm × 3mm × 20mm，表面粗糙度 Ra 为 0.93μm。与陶瓷刀具材料对磨的材料为钛合金 TA2，其硬度为 32 ~ 38HRC，表面粗糙度 Ra 为 0.03μm，尺寸为 $S\phi5$mm，化学成分见表 6-13。

TiB_2 - HfC 陶瓷刀具材料试样条与钛合金 TA2 对磨球在干摩擦磨损条件下完成对磨，测试不同滑动速度和不同法向载荷下的摩擦因数和磨损率，以及陶瓷刀具材料对磨后的磨损形貌。对磨参数：对磨时间为 30min，滑动行程为 5mm，法向载荷为 70N 时，滑动速度分别为 6m/min、9m/min、12m/min、15m/min；对磨时间为 30min，滑动行程为 5mm，滑动速度为 15m/min 时，法向载荷分别为 50N、60N、70N、80N。

1. TiB_2 - HfC 陶瓷刀具材料与钛合金 TA2 间的摩擦性能

图 6-22 所示为滑动速度和法向载荷对 TiB_2 - HfC 陶瓷刀具材料与钛合金 TA2 间摩擦因数的影响。由图 6-22a 可见，当法向载荷为 70N 时，随着滑动速度从 6m/min 增大到 15m/min，TiB_2 - HfC 陶瓷刀具材料与钛合金 TA2 间的摩擦因数不断减小，从 0.56 减小到 0.22，减小了 16.7%。这表明当法向载荷一定时，随着滑动速度的增大，对磨材料间的摩擦因数逐渐减小。由图 6-22b 可见，当滑动速度为 15m/min 时，随着法向载荷从 50N 增大到 80N，TiB_2 - HfC 陶瓷刀具材料与钛合金 TA2 间的摩擦因数不断减小，从 0.38 减小到 0.18，减小了 52.6%。这表明当滑动速度一定时，随着法向载荷的增大，对磨材料间的摩擦因数逐渐减小。

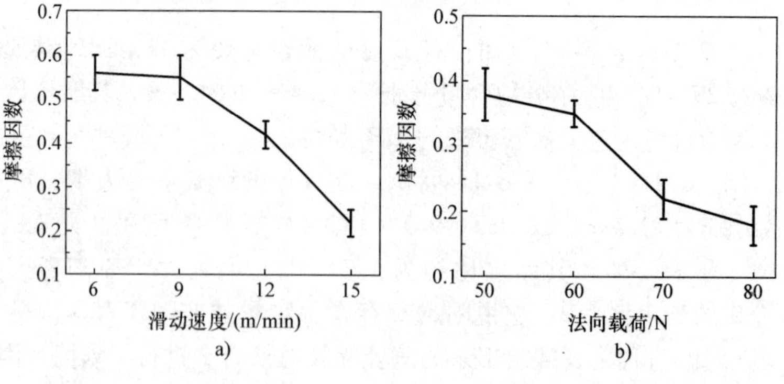

图 6-22 滑动速度和法向载荷对 TiB_2 - HfC 陶瓷刀具材料与钛合金 TA2 间摩擦因数的影响
a）滑动速度的影响 b）法向载荷的影响

2. TiB_2 - HfC 陶瓷刀具材料与钛合金 TA2 间的磨损性能

图 6-23 所示为与钛合金 TA2 对磨时滑动速度和法向载荷对 TiB_2 - HfC 陶瓷刀具

材料磨损率的影响。由图 6-23a 可见，当法向载荷为 70N 不变时，随着滑动速度从 6m/min 增大到 15m/min，TiB_2 – HfC 陶瓷刀具材料磨损率逐渐升高，从 $3.39\times10^{-5}mm^3/(m\cdot N)$增大到$8.42\times10^{-5}mm^3/(m\cdot N)$，增大了 148.4%。这表明当法向载荷一定时，随着滑动速度的增大，TiB_2 – HfC 陶瓷刀具材料的磨损率逐渐增大。由图 6-23b 可见，当滑动速度为 15m/min 不变时，随着法向载荷从 50N 增大到 80N，TiB_2 – HfC 陶瓷刀具材料磨损率逐渐升高，从$4.23\times10^{-5}mm^3/(m\cdot N)$增大到$9.87\times10^{-5}mm^3/(m\cdot N)$，增大了 189.7%。这表明当滑动速度一定时，随着法向载荷的增大，TiB_2 – HfC 陶瓷刀具材料的磨损率逐渐增大。

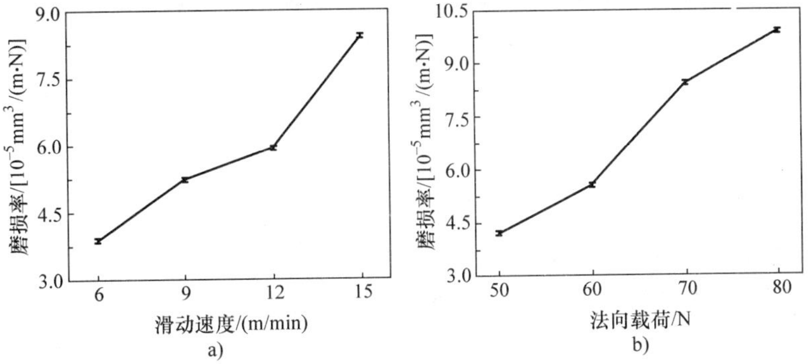

图 6-23　与钛合金 TA2 对磨时滑动速度和法向载荷对 TiB_2 – HfC 陶瓷刀具材料磨损率的影响

a）滑动速度的影响　b）法向载荷的影响

3. TiB_2 – HfC 陶瓷刀具材料与钛合金 TA2 对磨后的磨损形貌

图 6-24 所示为 TiB_2 – HfC 陶瓷刀具材料与钛合金 TA2 对磨后的磨损形貌及能谱。由图 6-24a 可见，TiB_2 – HfC 陶瓷刀具材料磨损面上也存在犁沟、片层结构（a1 所在区域）和晶粒剥落区（a2 所在区域），此外，还存在明显可见的磨粒。图 6-24a1 为图 6-24a 中 a1 区域的放大图，图 6-24a2 为图 6-24a 中 a2 区域的放大图。

图 6-24b1 ~ b3 分别为图 6-24 中 A、B、C 各点所对应的能谱图，表 6-15 列出了点 A、B、C 处的元素含量。由图 6-24b1 结合表 6-15 可知，点 A 处的元素主要为 Ti、O 和 Hf，其质量分数分别为 86.8%、5.8% 和 5.4%，其中 Ti 和 B 元素的摩尔分数分别为 78.3% 和 2.6%，其摩尔比约为 30∶1，这些表明在对磨过程中，大量的钛合金黏着到了 TiB_2 – HfC 陶瓷刀具材料的表面，形成了黏着层；在片层表面检测到的大量 O 元素表明，在对磨过程中对磨材料发生了氧化，形成了一定的氧化物；此外，Hf 和 C 元素的摩尔分数分别为 1.3% 和 1.4%，其摩尔比约为 1∶1，这表明 A 点处含有极少量的 HfC。

由图 6-24b2 结合表 6-15 可知，点 B 处的元素主要为 Ti、B 和 Hf，其质量分数分别为 65.2%、29.4% 和 4.1%，其中 Ti 与 B 的摩尔分数分别为 32.7% 和 65.4%，其摩尔比为 1∶2，这表明 B 点处的材料主要为裸露出来的 TiB_2晶粒；此外，Hf与C的摩尔分数分别为0.5和0.6%，其摩尔比约为1∶1，这表明B点处还含有少量的HfC。

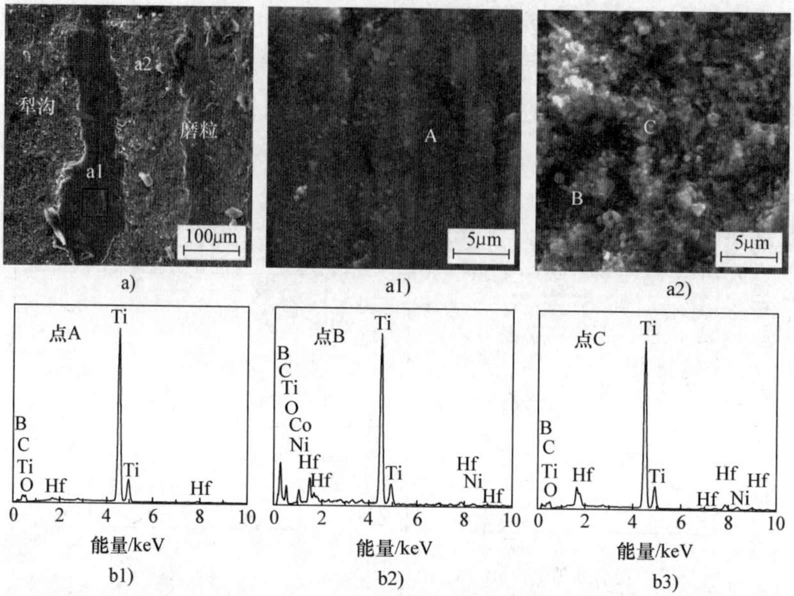

图6-24　TiB_2－HfC陶瓷刀具材料与钛合金TA2对磨后的磨损形貌及能谱

a）磨损形貌　a1）、a2）相应区域的放大图　b1）～b3）相应点的能谱

表6-15　点A、B、C处的元素含量

元素	A		B		C	
	质量分数(%)	摩尔分数(%)	质量分数(%)	摩尔分数(%)	质量分数(%)	摩尔分数(%)
Ti	86.8	78.3	65.2	32.7	84.6	67.9
B	0.7	2.6	29.4	65.4	6.4	22.7
Hf	5.4	1.3	4.1	0.5	5.3	1.1
C	0.4	1.4	0.3	0.6	0.4	1.2
Ni	0.5	0.4	0.4	0.2	0.2	0.1
Co	0.4	0.3	0.2	0.1	0.3	0.2
O	5.8	15.7	0.4	0.5	2.8	6.8
总计	100	100	100	100	100	100

同样，由图6-24b3结合表6-15可知，点C处的元素主要为Ti、B、Hf和O，其质量分数分别为84.6%、6.4%、5.3%和2.8%，其中Ti和B元素的摩尔分数分别为67.9%和22.7%，其摩尔比约为3∶1，这说明点C存在大量的非陶瓷刀具材料上的Ti元素，这表明在对磨过程中，裸露出来的陶瓷晶粒对钛合金对磨球进行了划擦作用，其表面黏着了大量的钛合金；Hf和C元素的摩尔分数分别为1.1%

和 1.2%，其摩尔比约为 1∶1，这表明点 C 处含有极少量的 HfC；此外，存在的 O 元素表明对磨材料在对磨过程中发生了氧化。

由上述可知，在 TiB_2 − HfC 陶瓷刀具材料与钛合金 TA2 对磨过程中有氧化反应发生，TiB_2、HfC 和 Ti 均会与氧气发生反应，因此，陶瓷刀具材料磨损面上潜在的氧化物有 TiO_2、B_2O_3和 HfO_2。

6.3.3　TiB_2 − HfB_2陶瓷刀具材料与钛合金的摩擦磨损性能

TiB_2 − HfB_2陶瓷刀具材料是依据第 5 章通过控制变量法所优选的陶瓷刀具材料，其组分和性能见表 6-5。试样的尺寸为 4mm × 3mm × 20mm，表面粗糙度 *Ra* 为 0.33μm。与陶瓷刀具材料对磨的材料为钛合金 TC4，其硬度为 32 ~ 38HRC，表面粗糙度 *Ra* 为 0.03μm，尺寸为 *S*ϕ5mm，化学成分见表 6-16。

表 6-16　钛合金 TC4 的化学成分（质量分数）　　　　（%）

牌号	Ti	Al	V	Fe	C	N	H	O	其他元素总和
TC4	余量	5.5 ~ 6.75	3.5 ~ 4.5	≤0.30	≤0.08	≤0.05	≤0.015	≤0.20	≤0.40

TiB_2 − HfB_2陶瓷刀具材料试样条与钛合金 TC4 对磨球在干摩擦磨损条件下完成对磨，测试不同滑动速度和不同法向载荷下的摩擦因数和磨损率，以及陶瓷刀具材料对磨后的磨损形貌。对磨参数：对磨时间为 30min，滑动行程为 5mm，法向载荷为 70N 时，滑动速度分别为 6m/min、9m/min、12m/min、15m/min；对磨时间为 30min，滑动行程为 5mm，滑动速度为 15m/min 时，法向载荷分别为 50N、60N、70N、80N。

1. TiB_2 − HfB_2陶瓷刀具材料与钛合金 TC4 间的摩擦性能

图 6-25 所示为滑动速度和法向载荷对 TiB_2 − HfB_2陶瓷刀具材料与钛合金 TC4 间摩擦因数的影响。由图 6-25a 可见，在法向载荷为 70N 时，随着滑动速度由 6m/min 逐渐增大到 15m/min，摩擦因数由 0.41 逐渐减小到 0.23，减小了 44%。这表明当法向载荷一定时，随着滑动速度的增大，对磨材料间的摩擦因数逐渐减小。

由图 6-25b 可见，在滑动速度为 15m/min 时，随着法向载荷由 50N 逐渐增大到 80N，摩擦因数由 0.42 逐渐减小到 0.21，减小了 50%。这表明当滑动速度一定时，随着法向载荷的增大，对磨材料间的摩擦因数逐渐减小。

2. TiB_2 − HfB_2陶瓷刀具材料与钛合金 TC4 间的磨损性能

图 6-26 所示为与钛合金 TC4 对磨时滑动速度和法向载荷对 TiB_2 − HfB_2陶瓷刀具材料磨损率的影响。由图 6-26a 可见，在法向载荷为 70N 时，随着滑动速度由 6m/min 逐渐增大到 15m/min，TiB_2 − HfB_2陶瓷刀具材料的磨损率由 4.64×10^{-5} $mm^3/(m \cdot N)$逐渐增大到 9.46×10^{-5} $mm^3/(m \cdot N)$。这表明当法向载荷一定时，随着滑动速度的增大，TiB_2 − HfB_2陶瓷刀具材料的磨损率逐渐增大。由图 6-26b 可见，在滑动速度为 15m/min 时，随着法向载荷由 50N 逐渐增大到 80N，TiB_2 − HfB_2

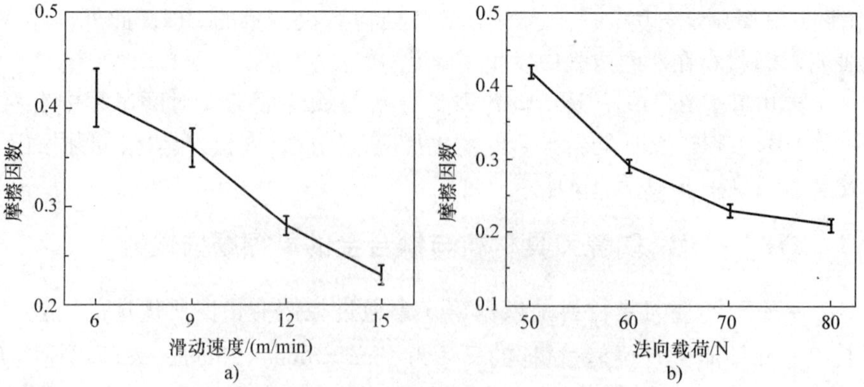

图6-25　滑动速度和法向载荷对 TiB_2-HfB_2 陶瓷刀具材料与钛合金 TC4 间摩擦因数的影响

a）滑动速度的影响　b）法向载荷的影响

陶瓷刀具材料的磨损率由 4.71×10^{-5} $mm^3/(m\cdot N)$ 逐渐增大到 10.81×10^{-5} $mm^3/(m\cdot N)$。这表明当滑动速度一定时，随着法向载荷的增大，TiB_2-HfB_2 陶瓷刀具材料的磨损率逐渐增大。

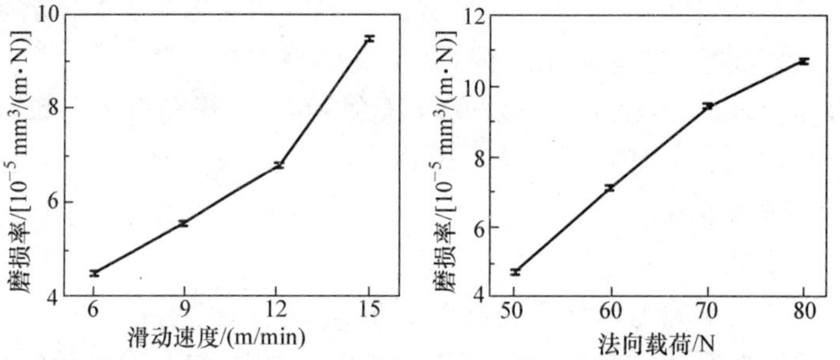

图6-26　与钛合金 TC4 对磨时滑动速度和法向载荷对 TiB_2-HfB_2 陶瓷刀具材料磨损率的影响

a）滑动速度的影响　b）法向载荷的影响

3. TiB_2-HfB_2 陶瓷刀具材料与钛合金 TC4 对磨后的磨损形貌

图6-27是 TiB_2-HfB_2 陶瓷刀具材料与钛合金 TC4 对磨后的磨损形貌及能谱。图6-27a1为图6-27a中a1区域的放大图。由图6-27可见，TiB_2-HfB_2 陶瓷刀具材料磨损面上也留有犁沟、微裂纹、片层结构和晶粒剥落区。图6-27b1 ~ b3分别为图6-27中A、B、C各点所对应的能谱，表6-17列出了点A、B、C处的元素含量。由图6-27b1结合表6-17可知，点A处的元素主要为Ti、O、Al和B，其质量分数分别为77.9%、8.8%、5.9%和2.3%，其中Ti与B的摩尔分数分别为61.7%和8.3%，其摩尔比约为7.4:1，这说明有大量的Ti元素存在片层表面上；同时，在片层表面上还检测到大量来自钛合金 TC4 的Al元素，这些表明在对磨过程中，大量的钛合金黏着到了 TiB_2-HfB_2 陶瓷刀具材料的表面，形成了黏着层；此外，在片层表面检测到的O元素表明对磨材料发生了氧化，形成了一定的氧化

物。由图 6-27b2 结合表 6-17 可知，点 B 处的元素主要为 Ti、B 和 Hf，其质量分数分别为 62.0%、28.6% 和 8.4%，其中 Ti 与 B 的摩尔分数分别为 32.3% 和 65.8%，其摩尔比略小于 1∶2，且 Hf 与 Ti 的摩尔分数之和与 B 的摩尔分数比，即摩尔比接近 1∶2，Hf 的摩尔分数远小于 Ti 的摩尔分数，这表明 B 点处的材料主要为裸露出来的 TiB_2 晶粒。

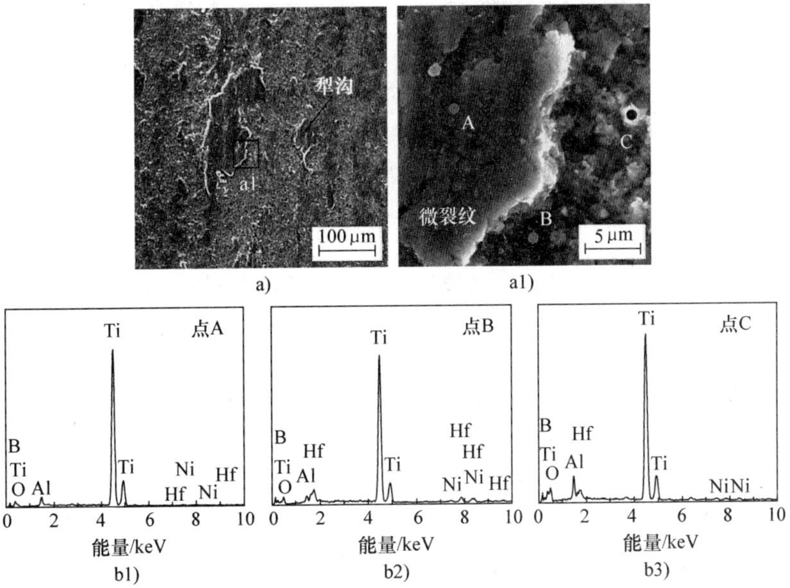

图 6-27　TiB_2-HfB_2 陶瓷刀具材料与钛合金 TC4 对磨后的磨损形貌及能谱

a）磨损形貌　a1）相应区域的放大图　b1）~b3）相应点的能谱

同样，由图 6-27b3 结合表 6-17 可知，点 C 处的元素主要为 Ti、O、Hf、B 和 Al，其质量分数分别为 70.2%、10.0%、6.9%、6.3% 和 6.3%，其中 Ti 和 B 的摩尔分数分别为 49.7% 和 19.6%，其摩尔比约为 2.5∶1，且 Hf 与 Ti 的摩尔分数之和与 B 的摩尔分数比，即摩尔比约为 2.6∶1，这说明点 C 存在大量的非陶瓷刀具材料上的 Ti 元素；同时，还检测到了大量的来自钛合金 TC4 所含的 Al 元素，这表明在对磨过程中，裸露出来的陶瓷晶粒对钛合金对磨球进行了划擦作用，其表面黏着了大量的钛合金；此外，存在的 O 元素表明对磨材料发生了氧化。

表 6-17　点 A、B、C 处的元素含量

元素	A		B		C	
	质量分数(%)	摩尔分数(%)	质量分数(%)	摩尔分数(%)	质量分数(%)	摩尔分数(%)
Ti	77.9	61.7	62.0	32.3	70.2	49.7
B	2.3	8.3	28.6	65.8	6.3	19.6
Hf	4.8	1.0	8.4	1.2	6.9	1.3

（续）

元素	A		B		C	
	质量分数(%)	摩尔分数(%)	质量分数(%)	摩尔分数(%)	质量分数(%)	摩尔分数(%)
Ni	0.3	0.2	0.5	0.2	0.3	0.2
Al	5.9	8.2	0.3	0.3	6.3	7.9
O	8.8	20.6	0.2	0.3	10.0	21.3
总计	100	100	100	100	100	100

由上述可知，在TiB_2-HfB_2陶瓷刀具材料与钛合金 TC4 对磨过程中有氧化反应发生，TiB_2、HfB_2、Ti 和 Al 均会与氧气发生反应，因此，陶瓷刀具材料磨损面上潜在的氧化物有TiO_2、B_2O_3、HfO_2和Al_2O_3。

6.3.4 新型TiB_2基陶瓷刀具材料与钛合金的磨损机理

由前文可知，TiB_2基陶瓷刀具材料与钛合金对磨后，其磨损面上存在片层结构、犁沟、微裂纹和凹坑，这些显微结构形成于摩擦磨损的不同阶段，且其形成机制不同。

在对磨初期，TiB_2基陶瓷刀具材料和钛合金对磨球的表面粗糙度值虽然很小，但其表面并非绝对光滑，均存在微凸体，其接触面积较小，在法向载荷的作用下，接触区的压应力较大。依据式（6-6）可以估算最大压应力：将TiB_2和钛合金的弹性模量 560GPa 和 110GPa、泊松比 0.28 和 0.34、对磨球的半径 2.5mm、法向载荷 60N 代入式（6-6），可得最大压应力约为 2705MPa。微凸体将相互啮合，在大的压应力与剪切应力的作用下，由于钛合金的硬度远低于陶瓷刀具材料的硬度，且具有良好的黏塑性和较低的弹性模量，因此钛合金上的微凸体首先被剥落形成磨屑，部分磨屑在对磨过程中将被带出接触区，而部分将留在接触区。留在接触区的软质磨屑将被压入陶瓷刀具材料的微孔隙内或被涂覆到陶瓷刀具材料的表面，起到减小摩擦的作用。随着钛合金的磨损，接触区的面积逐渐增大，涂覆到陶瓷刀具材料表面的钛合金逐渐增多，摩擦因数逐渐趋于稳定，磨损将进入稳定阶段。

在稳定磨损阶段，钛合金磨屑不断被涂覆到陶瓷刀具材料表面上，逐渐形成连续的黏着层。随着摩擦热的积累，摩擦区的温度逐渐升高，依据式（6-7）可估算摩擦区的最高温度。首先，依据TiB_2基陶瓷刀具材料与钛合金间的摩擦因数分别为 0.46、0.35 和 0.29，确定其平均值为 0.37；然后，将对磨球的半径 2.5mm、法向载荷 60N、TiB_2和钛合金的泊松比 0.28 和 0.34 以及它们的弹性模量 560GPa 和 110GPa 代入式（6-8），可得接触区圆的半径 r 约为 0.103mm；最后，将平均摩擦因数 0.37、滑动速度 15m/min、法向载荷 60N、接触区圆的半径 0.103mm 以及TiB_2和钛合金的热导率 24W/(m·K)和 7.955W/(m·K)代入式（6-7），可得最高温度为 422K。在高温和交变应力的作用下，陶瓷刀具材料弱晶界处的黏着层将发生疲劳破坏，形成裂纹并脱落，其会带走弱晶界结合的陶瓷颗粒，形成凹坑或破损面，而留下的强晶界结合的陶瓷材料会在陶瓷刀具材料表面形成片层结构。从陶瓷刀具材料上脱落的硬质颗粒，部分被推出摩擦区，而留在摩擦区的硬质颗粒在摩擦过程中会划擦未脱落的黏着层。由于钛合金具有较好的黏性，其黏着能力比不锈钢强，在陶瓷刀具材料表面易形成较厚且较连续的黏着层，可以阻碍陶瓷刀具材料的破损，这是陶瓷刀具材料磨损面上片层结构较为连续的内存原因。在硬质颗粒划擦的过程中，黏着层上会留下较明显的犁沟，形成磨粒磨损。同时，在对磨过程中，陶瓷刀具材料和钛合金会与氧气发生反应生成氧化物。这些氧化物会阻止陶瓷刀具材料的进一步氧化，同时会影响黏着层的连续性。在材料的对磨过程中，钛合金上脱落的磨屑不断被挤压到凹坑或破损面，形成新黏着层，在交变热应力和剪切应力的作用下发生新的破损，形成新的破损面。这个过程不断循环，当达到一定程度后，进入急剧磨损阶段。

综上所述，在 TiB_2基陶瓷刀具材料与钛合金的对磨初期，以对钛合金上的微凸体剥落为主；在对磨中后期，以黏着层的形成、脱落、再形成、再脱落为主，在陶瓷刀具材料表面留有较连续的片层结构、微裂纹和凹坑；同时，在摩擦热的作用下，对磨材料发生了氧化，TiB_2基陶瓷刀具材料磨损面上的主要氧化物有 TiO_2、B_2O_3和 HfO_2。与钛合金对磨时，TiB_2基陶瓷刀具材料的磨损机理主要为黏着磨损、磨粒磨损和氧化磨损。

6.4　新型 TiB_2基陶瓷刀具材料与难加工材料的摩擦磨损性能对比

图 6-28 所示为新型 TiB_2基陶瓷刀具材料与难加工材料间的摩擦因数。图 6-28a1、b1、c1 分别是法向载荷为 70N，不同滑动速度下 TiB_2基陶瓷刀具材料与硬质合金、不锈钢、钛合金对磨时的摩擦因数；图 6-28a2、b2、c2 分别是滑动速度为 15m/min，不同法向载荷下 TiB_2基陶瓷刀具材料与硬质合金、不锈钢、钛合金对磨时的摩擦因数。由图 6-28 可见，在相同的摩擦磨损条件下，TiB_2基陶瓷刀具材料与三种难加工材料对磨时的摩擦因数基本有这样的趋势：TiB_2基陶瓷刀具材料与硬质合金间的摩擦因数最大，其次是与钛合金间的摩擦因数，再次是与不锈钢间的摩擦因数；TiB_2 基陶瓷刀具材料与硬质合金间的摩擦因数和与其他两种材料间的相差较大，而其与钛合金间的摩擦因数和与不锈钢间的相差较小。

TiB_2基陶瓷刀具材料与硬质合金对磨时，由于这两种材料的硬度高、塑性差，在对磨过程中，从其上脱落的磨屑都属于硬质磨粒。硬质磨粒脱落后，对磨面凸凹不平且难以被磨平，同时部分硬质磨粒在对磨区参与摩擦，造成对磨面相对粗糙，从而对磨面间的摩擦因数较大。而 TiB_2基陶瓷刀具材料与不锈钢和钛合金对磨时，由于不锈钢和钛合金的硬度远低于 TiB_2基陶瓷刀具材料，且具有较好的黏塑性，在对磨过程中会形成黏着层，可有效填充对磨面间的凹坑，使对磨面变得相对平整，因此 TiB_2 基陶瓷刀具材料与不锈钢、钛合金间的摩擦因数相对较小。

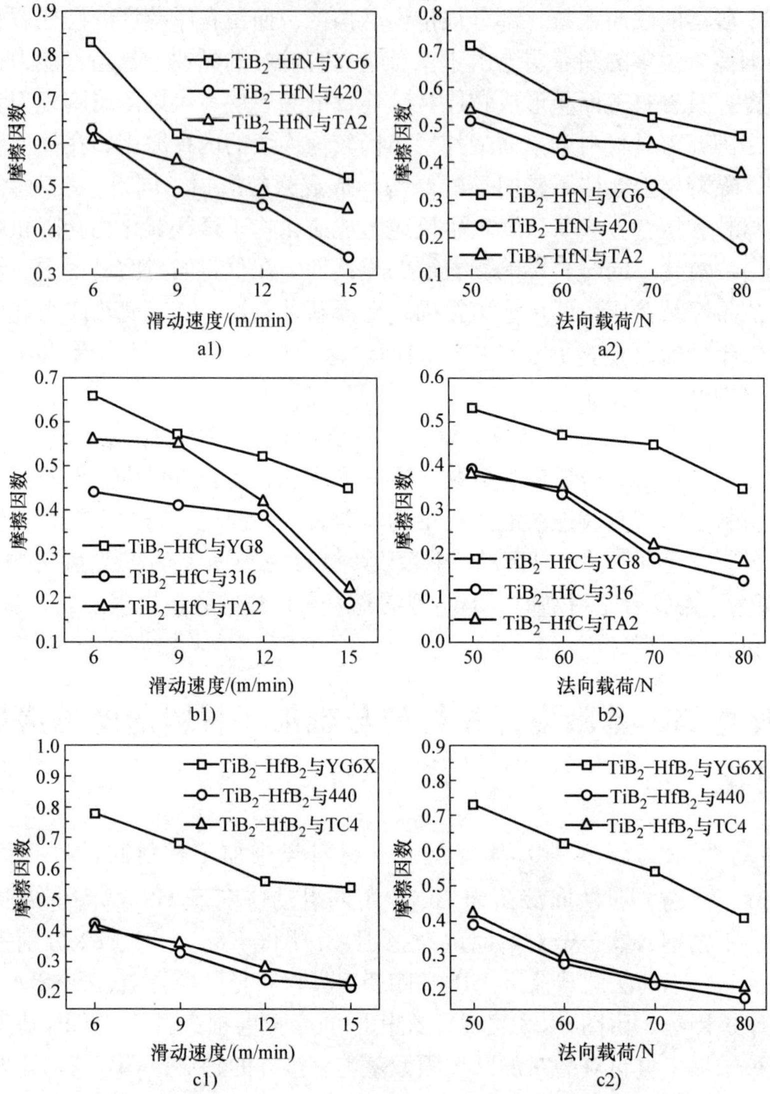

图 6-28　新型 TiB_2 基陶瓷刀具材料与难加工材料间的摩擦因数

a1)、b1)、c1) 滑动速度的影响　a2)、b2)、c2) 法向载荷的影响

与不锈钢相比，钛合金具有更好的黏塑性，在对磨过程中易形成较为连续的黏着层。由于钛合金黏着层具有较强的黏着力，黏着层与钛合金对磨球间的黏着力较大，会导致摩擦因数的增大；同时，黏附层脱落时会带走大量的陶瓷材料，造成陶瓷刀具材料的大片脱落，且大片的脱落面在短时间内难以被黏着层填平，加之残留

在对磨面间的脱落晶粒增多，使对磨面变得更粗糙，这会造成对磨面间摩擦因数的增大。而与不锈钢对磨时形成的黏着层断断续续，且不锈钢黏着层的黏着力相对较小，黏着层被剥落时带走的陶瓷颗粒较少，形成的脱落面较小且较分散，易在短时间内被新的黏着层填平，因此 TiB_2 基陶瓷刀具材料与不锈钢间的摩擦因数略小于与钛合金间的摩擦因数。

图 6-29 所示为新型 TiB_2 基陶瓷刀具材料的磨损率。图 6-29a1、b1、c1 所示分别为法向载荷为 70N，不同滑动速度下与硬质合金、不锈钢、钛合金对磨时 TiB_2 基

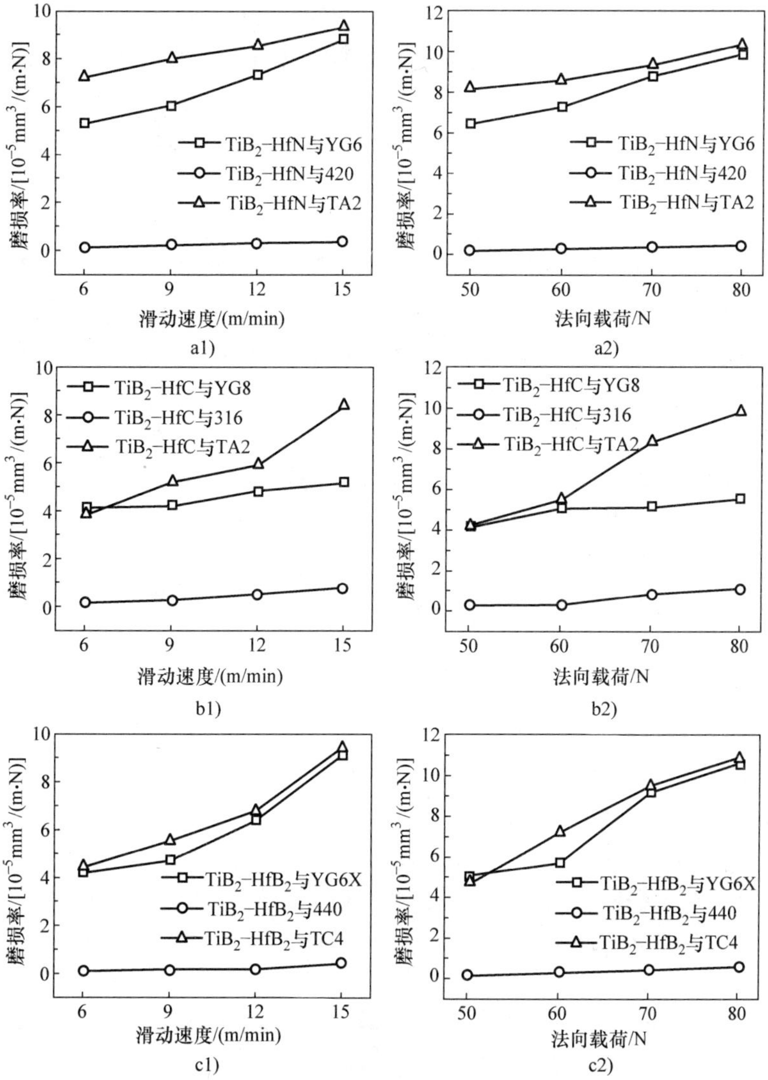

图 6-29　新型 TiB_2 基陶瓷刀具材料的磨损率

a1)、b1)、c1) 滑动速度的影响　a2)、b2)、c2) 法向载荷的影响

陶瓷刀具材料的磨损率；图 6-29a2、b2、c2 所示分别为滑动速度为 15m/min，不同法向载荷下与硬质合金、不锈钢、钛合金对磨时 TiB_2基陶瓷刀具材料的磨损率。由图 6-29 可见，在相同的摩擦磨损条件下，与三种难加工材料对磨时，TiB_2基陶瓷刀具材料的磨损率基本有这样的趋势：与钛合金对磨时的最大，其次是与硬质合金，再次是与不锈钢；与不锈钢对磨时的磨损率和与其他两种材料对磨时的相差较大，而与钛合金对磨时的磨损率和与硬质合金对磨时的相差较小。

钛合金与 TiB_2基陶瓷刀具材料对磨时，由于钛合金的黏塑性比不锈钢和硬质合金的要好，易在陶瓷刀具材料表面形成连续的黏着层；同时，钛合金比不锈钢和硬质合金易磨损，在陶瓷刀具材料表面形成的磨槽较宽，当黏着层脱落时会带走大片的陶瓷材料，使陶瓷刀具材料发生了严重的黏着磨损；此外，对磨区残留的硬质磨粒，也加剧了陶瓷刀具材料的磨损。因此，与钛合金对磨时，TiB_2基陶瓷刀具材料的磨损率最大。

硬质合金与 TiB_2基陶瓷刀具材料对磨时，硬质合金的硬度比其他两种材料的要高，在陶瓷刀具材料表面形成的磨槽较窄，但磨槽较深，脱落的硬质磨屑不易排出；同时，硬质合金和陶瓷刀具材料所形成的对磨面都比较粗糙，使陶瓷刀具材料发生了较严重的磨粒磨损。因此，与硬质合金对磨时，陶瓷刀具材料的磨损率较大。

不锈钢与 TiB_2基陶瓷刀具材料对磨时，虽然既有黏着磨损也有磨粒磨损，但在陶瓷刀具材料表面形成的黏着层断断续续，且黏着层的黏着力较小，脱落时带走的陶瓷材料较少，且形成的硬质磨屑较少，磨粒磨损较轻；同时，断断续续的黏着层可以隔离对磨材料间的直接磨损，在一定程度上起到了对陶瓷刀具材料的保护作用。因此，与不锈钢对磨时，TiB_2基陶瓷刀具材料的磨损率较小。

6.5 小结

本章主要研究了新型 TiB_2基陶瓷刀具材料与典型难加工材料硬质合金、不锈钢、钛合金的干摩擦磨损性能。

1）分别研究了 TiB_2-HfN、TiB_2-HfC、TiB_2-HfB_2陶瓷刀具材料与硬质合金、不锈钢、钛合金干摩擦时的摩擦磨损性能。研究结果表明，其摩擦磨损规律基本一致，摩擦因数随滑动速度及法向载荷的增大而减小，磨损率随滑动速度及法向载荷的增大而增大。

2）与硬质合金对磨时，新型 TiB_2基陶瓷刀具材料的磨损面上存在大量的微裂纹和少量的凹坑，其磨损机理主要为磨粒磨损和氧化磨损；与不锈钢对磨时，陶瓷刀具材料的磨损面上存在片层结构、微裂纹和凹坑，其磨损机理主要为黏着磨损、磨粒磨损和氧化磨损；与钛合金对磨时，陶瓷刀具材料的磨损面上主要有较连续的片层结构、微裂纹和凹坑，其磨损机理主要为黏着磨损、磨粒磨损和氧化磨损。

3）在相同的摩擦磨损条件下，TiB_2基陶瓷刀具材料与三种难加工材料对磨时，摩擦因数的基本趋势：TiB_2基陶瓷刀具材料与硬质合金间的摩擦因数最大，其次是与钛合金间的摩擦因数，再次是与不锈钢间的摩擦因数；TiB_2 基陶瓷刀具材料与硬质合金间的摩擦因数和与其他两种材料间的相差较大，而其与钛合金间的摩擦因数和与不锈钢间的相差较小。TiB_2 基陶瓷刀具材料磨损率的基本趋势为：与钛合金对磨时的最大，其次是与硬质合金，再次是与不锈钢；TiB_2 基陶瓷刀具材料与不锈钢对磨时的磨损率和与其他两种材料对磨时的相差较大，而其与钛合金对磨时的磨损率和与硬质合金对磨时的相差较小。

参考文献

[1] 王文魁. C32 型过渡金属硼化物的稳定性 [J]. 物理, 1981, 10 (3): 150 - 151.

[2] 马爱琼, 王臻. 硼化钛及其单相陶瓷的制备 [J]. 陶瓷, 2005 (5): 10 - 14.

[3] Mukhopadhyay A, Raju G B, Basu B, et al. Correlation between phase evolution, mechanical properties and instrumented indentation response of TiB_2 - based ceramics [J]. Journal of the European Ceramic Society, 2009, 29 (3): 505 - 516.

[4] 苏文勇, 张瑞林. TiB_2等 C32 型化合物电子结构分析 [J]. 北京理工大学学报, 2000, 20 (5): 550 - 554.

[5] 王国亮, 高义民, 李烨飞, 等. 硼化钛结构稳定性、力学和热力学性能理论研究 [J]. 稀有金属材料与工程, 2014, 43 (3): 595 - 600.

[6] Basu B, Raju G B, Suri A K. Processing and properties of monolithic TiB_2 based materials [J]. International Materials Reviews, 2006, 51 (6): 352 - 374.

[7] Kitiwan M, Ito A, Goto T. Densification and microstructure of monolithic TiN and TiB_2 fabricated by spark plasma sintering [J]. Key Engineering Materials, 2012, 508: 38 - 41.

[8] Demirskyi D, Nishimura T, Sakka Y, et al. High - strength TiB_2 - TaC ceramic composites prepared using reactive spark plasma consolidation [J]. Ceramics International, 2016, 42 (1): 1298 - 1306.

[9] Srivatsan T S, Guruprasad G, Black D, et al. Microstructural development and hardness of TiB_2 - B_4C composite samples: Influence of consolidation temperature [J]. Journal of Alloys and Compounds, 2006, 413 (1 - 2): 63 - 72.

[10] Gu M L, Huang C Z, Xiao S R, et al. Improvements in mechanical properties of TiB_2 ceramics tool materials by the dispersion of Al_2O_3 particles [J]. Materials Science & Engineering A, 2008, 486 (1 - 2): 167 - 170.

[11] Zhao G L, Huang C Z, He N, et al. Microstructural development and mechanical properties of reactive hot pressed nickel - aided TiB_2 - SiC ceramics [J]. Int. Journal of Refractory Metals & Hard Materials, 2016, 61: 13 - 21.

[12] 李苏, 李俊寿, 赵芳, 等. TiB_2材料的研究现状 [J]. 材料导报, 2013, 27 (5): 34 - 38.

[13] Demirskyi D, Sakka Y, Vasylkiv O. High - temperature reactive spark plasma consolidation of TiB_2 - NbC ceramic composites [J]. Ceramics International, 2015, 41 (9): 10828 - 10834.

[14] Mahaseni Z H, Germi M D, Ahmadi Z, et al. Microstructural investigation of spark plasma sintered TiB_2 ceramics with Si_3N_4 addition [J]. Ceramics International, 2018, 44 (11): 13367 - 13372.

[15] Li Y, Matsuura K, Ohno M, et al. Combustion synthesis of TiB_2 based hard material cemented by Fe - Al intermetallics [J]. Powder Metallurgy, 2012, 55 (2): 162 - 167.

[16] 李荣久. 陶瓷 - 金属复合材料 [M]. 2 版. 北京: 冶金工业出版社, 2004.

[17] 徐强, 张幸红, 韩杰才, 等. 铜含量对燃烧合成 TiB_2 - Cu 基金属陶瓷组织和性能的影响 [J]. 材料科学与工艺, 2005, 13 (1): 16 - 20.

[18] Kwon Y S, Dudina D V, Korchagin M A, et al. Microstructure changes in TiB_2 - Cu nanocomposite under sintering [J]. Journal of Materials Science, 2004, 39 (16 - 17): 5325 - 5331.

[19] Sun Y F, Xu Q, Zhang X H, et al. Effect of pressure on TiB_2 - Cu composite via In - situ reac-

tion synthesis [J]. Key Engineering Materials, 2005, 280 – 283: 1437 – 1440.

[20] Qi L Q, Han T Y, Zhang Y J. Electrostatic precipitability of TiB_2 – Fe – Mo – Co ceramic – metal composites [J]. Journal of Alloys and Compounds, 2019, 778: 507 – 513.

[21] 苗明清, 傅正义, 张金咏, 等. TiB_2/FeMo 陶瓷的显微结构与力学性能 [J]. 无机材料学报, 2005, 20 (2): 499 – 502.

[22] Yang C, Guo H, Mo D G, et al. Bulk TiB_2 – based ceramic composites with improved mechanical property using Fe – Ni – Ti – Al as a sintering aid [J]. Materials, 2014, 7 (10): 7105 – 7117.

[23] Ağaoğlları D, Gökçe H, Duman İ, et al. Influences of metallic Co and mechanical alloying on the microstructural and mechanical properties of TiB_2 ceramics prepared via pressureless sintering [J]. Journal of the European Ceramic Society, 2012, 32 (9): 1949 – 1956.

[24] Zhao K, Niu B, Zhang F, et al. Microstructure and mechanical properties of spark plasma sintered TiB_2 ceramics combined with a high – entropy alloy sintering aid [J]. Advances in Applied Ceramics, 2017, 116 (1): 19 – 23.

[25] Chlup Z, Bača L', Hadraba H, et al. Low – temperature consolidation of high – strength TiB_2 ceramic composites via grain – boundary engineering using Ni – W alloy [J]. Materials Science & Engineering A, 2018, 738: 194 – 202.

[26] Kang Y S, Kang S H, Kim D J. Effect of addition of Cr on the sintering of TiB_2 ceramics [J]. Journal of Materials Science, 2005, 40 (15): 4153 – 4155.

[27] Bača L', Lenčéš Z, Jogl C, et al. Microstructure evolution and tribological properties of TiB_2/Ni – Ta cermets [J]. Journal of the European Ceramic Society, 2012, 32 (9): 1941 – 1948.

[28] Wu N, Xue F D, Yang Q M, et al. Microstructure and mechanical properties of TiB_2 – based composites with high volume fraction of Fe – Ni additives prepared by vacuum pressureless sintering [J]. Ceramics International, 2017, 43 (1): 1394 – 1401.

[29] 洪长青, 韩杰才, 张幸红, 等. 浸渗法制备双连续 TiB_2 – (Cu, Ni) 复合材料的组织和性能 [J]. 材料科学与工艺, 2006, 14 (2): 151 – 154.

[30] 洪长青, 韩杰才, 张幸红, 等. 双连续 TiB_2 – Cu 基发汗陶瓷复合材料抗烧蚀行为 [J]. 稀有金属材料与工程, 2007, 36 (3): 546 – 549.

[31] 龚伦军, 苗明清. Al_2O_3含量对 TiB_2 – Al_2O_3陶瓷性能的影响 [J]. 佛山陶瓷, 2004 (7): 5 – 7.

[32] Mattia D, Desmaison – Brut M, Tétard D, et al. Wetting of HIP AlN – TiB_2 ceramic composites by liquid metals and alloys [J]. Journal of the European Ceramic Society, 2005, 25 (10): 1797 – 1803.

[33] Júnior L A F, Tomaz Í V, Oliveira M P, et al. Development and evaluation of TiB_2 – AlN ceramic composites sintered by spark plasma [J]. Ceramics International, 2016, 42 (16): 18718 – 18723.

[34] Murthy T S R Ch, Subramanian C, Fotedar R K, et al. Preparation and property evaluation of TiB_2 + $TiSi_2$ composite [J]. Int. Journal of Refractory Metals & Hard Materials, 2009, 27 (3): 629 – 636.

[35] 马爱琼, 段锋. $TiSi_2$提高 TiB_2陶瓷烧结致密性机理研究 [J]. 硅酸盐通报, 2015, 34 (6): 1679 – 1683.

[36] 马爱琼, 贺嘉伟. TiB_2 – $TiSi_2$复相陶瓷的氧化行为研究 [J]. 硅酸盐通报, 2015, 34 (6):

1670 – 1673.
[37] 王皓，王为民，辜萍，等. 热压烧结 TiB_2 – ZrB_2固溶复合陶瓷的结构研究［J］. 硅酸盐学报，2002，30（4）：486 – 490.
[38] Li B. Effect of ZrB_2 and SiC addition on TiB_2 – based ceramic composites prepared by spark plasma sintering［J］. Int. Journal of Refractory Metals & Hard Materials，2014，46：84 – 89.
[39] 王皓，王为民，辜萍，等. 热压烧结固溶复合 TiB_2 – NbB_2陶瓷的结构与性能［J］. 无机材料学报，2002，17（4）：703 – 707.
[40] Wang Z，Xie B，Zhou W Y，et al. Thermophysical properties of TiB_2 – SiC ceramics from 300℃ to 1700℃［J］. Int. Journal of Refractory Metals & Hard Materials，2013，41：609 – 613.
[41] Zhao G L，Huang C Z，Liu H L，et al. Microstructure and mechanical properties of hot pressed TiB_2 – SiC composite ceramic tool materials at room and elevated temperatures［J］. Materials Science & Engineering A，2014，606：108 – 116.
[42] Zhao G L，Huang C Z，Liu H L，et al. A study on in – situ synthesis of TiB_2 – SiC ceramic composites by reactive hot pressing［J］. Ceramics International，2014，40（1）：2305 – 2313.
[43] Demirskyi D，Borodianska H，Sakka Y，et al. Ultra – high elevated temperature strength of TiB_2 – based ceramics consolidated by spark plasma sintering［J］. Journal of the European Ceramic Society，2017，37（1）：393 – 397.
[44] 孙红亮，朱德贵. 原位合成 TiB_2 – TiC_x 复相陶瓷的显微组织［J］. 陶瓷学报，2005，26（3）：158 – 163.
[45] 潘传增，张靖，张龙. 超重力场反应熔铸合成 TiB_2基复相陶瓷刀具材料［J］. 中国有色金属学报，2015，25（12）：3439 – 3444.
[46] 娄光普，赵忠民. 热燃烧温度对超重力场自蔓延离心熔铸 TiB_2 – TiC –（Ti，W）C 组织及性能的影响［J］. 硅酸盐学报，2016，44（12）：1724 – 1728.
[47] Lin J，Yang Y H，Zhang H A，et al. Effect of sintering temperature on the mechanical properties and microstructure of carbon nanotubes toughened TiB_2 ceramics densified by spark plasma sintering［J］. Materials Letters，2016，166：280 – 283.
[48] Lin J，Yang Y H，Zhang H A，et al. Effects of CNTs content on the microstructure and mechanical properties of spark plasma sintered TiB_2 – SiC ceramics［J］. Ceramics International，2017，43（1）：1284 – 1289.
[49] Yin Z B，Yuan J T，Xu W W，et al. Graphene nanosheets toughened TiB_2 – based ceramic tool material by spark plasma sintering［J］. Ceramics International，2018，44（8）：8977 – 8982.
[50] 蒋军，朱德贵，王良辉，等. 添加剂镍对原位合成 TiB_2 – TiC 复相陶瓷材料性能的影响［J］. 稀有金属，2003，27（4）：421 – 425.
[51] 李家镜，傅正义，张金咏，等. 气压烧结 TiB_2 – Al_2O_3复相陶瓷的显微结构与力学性能［J］. 硅酸盐学报，2007，35（8）：973 – 977.
[52] 曾国章，周后明，赵振宇，等. 基于耦合机制的宽温度自润滑陶瓷刀具材料［J］. 材料科学与工程学报，2017，35（5）：775 – 779.
[53] 尹德军，赵忠民，张龙. Ni – Al 复合添加剂对超重力场燃烧合成 TiB_2基陶瓷组织性能的影响［J］. 人工晶体学报，2015，44（9）：2407 – 2411.
[54] 陈志伟，谭大旺，郭伟明，等. 以 Ni/Al 为助剂的 TiB_2 – B4C 陶瓷刀具制备及其切削钛合金性能研究［J］. 人工晶体学报，2018，47（12）：2561 – 2581.

[55] 谷美林，黄传真，刘炳强，等. TiB_2 - TiN 复合陶瓷刀具材料的显微结构和力学性能研究 [J]. 材料工程，2006（11）：18-21.

[56] 高杰，宋金鹏，梁国星，等. 碳纤维含量对 TiB_2 - TiN 基复合陶瓷组织和性能的影响 [J]. 工具技术，2017，51（12）：67-70.

[57] Song J P, Huang C Z, Zou B, et al. Microstructure and mechanical properties of TiB_2 - TiC - WC composite ceramic tool materials [J]. Materials and Design, 2012, 36: 69-74.

[58] Song J P, Huang C Z, Zou B, et al. Effects of sintering additives on microstructure and mechanical properties of TiB_2 - WC ceramic - metal composite tool materials [J]. Int. Journal of Refractory Metals & Hard Materials, 2012, 30: 91-95.

[59] Zhao G L, Huang C Z, Liu H L, et al. Microstructure and mechanical properties of TiB_2 - SiC ceramic composites by reactive hot pressing [J]. Int. Journal of Refractory Metals & Hard Materials, 2014, 42: 36-41.

[60] 张幸红，洪长青，韩杰才，等. 碳纳米管 - TiB_2陶瓷基复合材料的制备与性能研究 [J]. 无机材料学报，2006，21（4）：899-905.

[61] 周咏辉，赵军，艾兴. Al_2O_3/(W，Ti) C 纳米复合陶瓷刀具材料的制备及切削性能研究 [J]. 中国机械工程，2009，14（22）：2751-2754.

[62] Xu C H, Feng Y M, Zhang R B, et al. Wear behavior of Al_2O_3/Ti (C, N) /SiC new ceramic tool material when machining tool steel and cast iron [J]. Journal of Materials Processing Technology, 2009, 209 (10): 4633-4637.

[63] Zhao J, Yuan X L, Zhou Y H. Processing and characterization of an Al_2O_3/WC/TiC micro - nano - composite ceramic tool material [J]. Materials Science & Engineering A, 2010, 527 (7-8): 1844-1849.

[64] Li B, Deng J X, Wu Z. Effect of cutting atmosphere on dry machining performance with Al_2O_3 - ZrB_2 - ZrO_2 ceramic tool [J]. International Journal of Advanced Manufacturing Technology, 2010, 49 (5-8): 459-467.

[65] 杨钒，黄建龙. Al_2O_3 - TiC 复相陶瓷刀具干切削高强度钢 40CrNiMoA 的试验研究 [J]. 工具技术，2012，46（4）：28-30.

[66] Deng J X, Zhang H, Wu Z, et al. Unlubricated friction and wear behaviors of Al_2O_3 - TiC ceramic cutting tool materials from high temperature tribological tests [J]. Int. Journal of Refractory Metals & Hard Materials, 2012, 35: 17-26.

[67] Yin Z B, Huang C Z, Zou B, et al. Preparation and characterization of Al_2O_3/TiC micro - nano - composite ceramic tool materials [J]. Ceramics International, 2013, 39 (4): 4253-4262.

[68] 李乾，曹秀娟，修稚萌，等. Al_2O_3/Ti (C, N) - Ni - Ti 陶瓷刀具的切削性能 [J]. 东北大学学报（自然科学版），2013，34（2）：214-217.

[69] Xing Y Q, Deng J X, Zhao J, et al. Cutting performance and wear mechanism of nanoscale and microscale textured Al_2O_3/TiC ceramic tools in dry cutting of hardened steel [J]. Int. Journal of Refractory Metals & Hard Materials, 2014, 43: 46-58.

[70] Fei Y H, Huang C Z, Liu H L, et al. Mechanical properties of Al_2O_3 - TiC - TiN ceramic tool materials [J]. Ceramics International, 2014, 40 (7): 10205-10209.

[71] Cheng Y, Sun S S, Hu H P. Preparation of Al_2O_3/TiC micro - composite ceramic tool materials by microwave sintering and their microstructure and properties [J]. Ceramics International,

2014, 40 (10): 16761 - 16766.

[72] Wang M, Zhao J, Wang L L. Wear behaviour of Al_2O_3/Ti (C, N) ceramic tool during turning process of martensitic stainless steel [J]. Materials Research Innovations, 2015, 19 (supl): 350 - 354.

[73] Yin Z B, Yuan J T, Wang Z H, et al. Preparation and properties of an Al_2O_3/Ti (C, N) micro - nano - composite ceramic tool material by microwave sintering [J]. Ceramics International, 2016, 42 (3): 4099 - 4106.

[74] Liu X F, Liu H L, Huang C Z, et al. Synergistically toughening effect of SiC whiskers and nanoparticles in Al_2O_3 - based composite ceramic cutting tool material [J]. Chinese Journal of Mechanical Engineering, 2016, 29 (5): 977 - 982.

[75] Wang D, Zhao J, Cao Y, et al. Wear behavior of an Al_2O_3/TiC/TiN micro - nano - composite ceramic cutting tool in high - speed turning of ultra - high - strength steel 300M [J]. International Journal of Advanced Manufacturing Technology, 2016, 87 (9 - 12): 3301 - 3306.

[76] Cheng Y, Zhang Y, Wan T Y, et al. Mechanical properties and toughening mechanisms of graphene platelets reinforced Al_2O_3/TiC composite ceramic tool materials by microwave sintering [J]. Materials Science & Engineering A, 2017, 680: 190 - 196.

[77] Li M S, Huang C Z, Zhao B, et al. Mechanical properties and microstructure of Al_2O_3 - TiB_2 - $TiSi_2$ ceramic tool material [J]. Ceramics International, 2017, 43 (16): 14192 - 14199.

[78] Bai X L, Huang C Z, Wang J, et al. Sintering mechanisms of Al_2O_3 - based composite ceramic tools having 25% Si_3N_4 additions [J]. Int. Journal of Refractory Metals & Hard Materials, 2018, 73: 132 - 138.

[79] 程志，王坤，侯可，等. 基于微波烧结工艺的氧化铝基陶瓷刀具的研究 [J]. 机械制造与自动化, 2018 (2): 45 - 47.

[80] 贾孝伟，冯益华，石鹏辉，等. 纳米改性 $Al_2O_3/TiB_2/CaF_2$ 自润滑陶瓷刀具的切削试验研究 [J]. 现代制造工程, 2018 (1): 98 - 103.

[81] Guo X L, Zhu Z L, Ekevad M, et al. The cutting performance of Al_2O_3 and Si_3N_4 ceramic cutting tools in the milling plywood [J]. Advances in Applied Ceramics, 2018, 117 (1): 16 - 22.

[82] Cui E Z, Zhao J, Wang X C, et al. Microstructure and toughening mechanisms of Al_2O_3/ (W, Ti) C/grapheme composite ceramic tool material [J]. Ceramics International, 2018, 44 (12): 13538 - 13543.

[83] Liu X F, Liu H L, Huang C Z, et al. High temperature mechanical properties of Al_2O_3 - based ceramic tool material toughened by SiC whiskers and nanoparticles [J]. Ceramics International, 2017, 43 (1): 1160 - 1165.

[84] 陈文琳，刘宁，晁晟，等. 超细晶粒 Ti (C, N) 基金属陶瓷刀具切削性能 [J]. 材料热处理学报, 2008, 29 (3): 80 - 84.

[85] 李鹏南，唐思文，张厚安，等. Ti (C, N) 基金属陶瓷刀具的高速切削性能与磨损机理 [J]. 中国有色金属学报, 2008, 18 (7): 1286 - 1291.

[86] 徐立强，黄传真，唐志涛，等. 微米/纳米复合 Ti (C, N) 基金属陶瓷刀具切削铸铁的性能研究 [J]. 工具技术, 2009, 43 (8): 24 - 27.

[87] 詹斌，刘宁，杨海东，等. 后角对纳米 TiN 改性 Ti (C, N) 基金属陶瓷刀具磨损性能的影响 [J]. 热处理, 2012, 27 (6): 28 - 33.

[88] Liu Y, Huang C Z, Liu H L, et al. Microstructure and mechanical properties of Ti (C, N) - TiB_2 - WC composite ceramic tool materials [J]. Advanced Materials Research, 2012, 500 (4): 673 - 678.

[89] Zhou H J, Huang C Z, Zou B, et al. Effects of sintering processes on the mechanical properties and microstructure of Ti (C, N) - based cermet cutting tool materials [J]. Int. Journal of Refractory Metals & Hard Materials, 2014, 47: 71 - 79.

[90] Xu Q Z, Zhao J, Ai X, et al. Effect of Mo_2C/ (Mo_2C + WC) weight ratio on the microstructure and mechanical properties of Ti (C, N) - based cermet tool materials [J]. Journal of Alloys and Compounds, 2015, 649: 885 - 890.

[91] Hu H P, Cheng Y, Yin Z B, et al. Mechanical properties and microstructure of Ti (C, N) based cermet cutting tool materials fabricated by microwave sintering [J]. Ceramics International, 2015, 41 (10): 15017 - 15023.

[92] Liu H L, Shi Q, Huang C Z, et al. In - situ fabricated TiB_2 particle - whisker synergistically toughened Ti (C, N) - based ceramic cutting tool material [J]. Chinese Journal of Mechanical Engineering, 2015, 28 (2): 338 - 342.

[93] Zhang Y, Cheng Y, Hu H P, et al. Experimental study on cutting performance of microwave sintered Ti (C, N) / Al_2O_3 cermet tool in the dry machining of hardened steel [J]. International Journal of Advanced Manufacturing Technology, 2017, 91 (9 - 12): 3933 - 3941.

[94] Xu Q Z, Zhao J, Ai X. Fabrication and cutting performance of Ti (C, N) - based cermet tools used for machining of high - strength steels [J]. Ceramics International, 2017, 43 (8): 6286 - 6294.

[95] 杨中秀. 高速切削用金属陶瓷刀具的制备及磨损机理研究 [J]. 铸造技术, 2017 (2): 49 - 51.

[96] Zheng Z P, Lin N, Zhao L B, et al. Fabrication and wear mechanism of Ti (C, N) - based cermets tools with designed microstructures used for machining aluminum alloy [J]. Vacuum, 2018, 156: 30 - 38.

[97] Yin Z B, Yan S Y, Xu W W, et al. Microwave sintering of Ti (C, N) - based cermet cutting tool material [J]. Ceramics International, 2018, 44 (1): 1034 - 1040.

[98] Gao J J, Song J P, Lv M. Microstructure and mechanical properties of $TiC_{0.7}N_{0.3}$ - HfC - WC - Ni - Mo cermet tool materials [J]. Materials, 2018, 11 (6): 968.

[99] Song J P, Cao L, Gao J J, et al. Effects of HfN content and metallic additives on the microstructure and mechanical properties of $TiC_{0.7}N_{0.3}$ - based ceramic tool materials [J]. Journal of Alloys and Compounds, 2018, 753: 85 - 92.

[100] Gao J J, Song J P, Lv M, et al. Microstructure and mechanical properties of $TiC_{0.7}N_{0.3}$ - HfC cermet tool materials [J]. Ceramics International, 2018, 44 (15): 17895 - 17904.

[101] 任伟玮, 何福坡, 伍尚华. YAG 对 TiCN 陶瓷刀具材料力学性能及烧结工艺的影响 [J]. 硅酸盐学报, 2018, 46 (3): 388 - 393.

[102] Kwon W T, Park J S, Kang S. Effect of group IV elements on the cutting characteristics of Ti (C, N) cermet tools and reliability analysis [J]. Journal of Materials Processing Technology, 2005, 166 (1): 9 - 14.

[103] Zou B, Huang C Z, Liu H L, et al. Preparation and characterization of Si_3N_4/TiN nanocompos-

ites ceramic tool materials [J]. Journal of Materials Processing Technology, 2009, 209 (9): 4595-4600.

[104] Tian X H, Zhao J, Zhu N B, et al. Preparation and characterization of Si_3N_4/(W, Ti) C nano-composite ceramic tool materials [J]. Materials Science & Engineering A, 2014, 596: 255-263.

[105] Zheng G M, Zhao J, Li L, et al. A fractal analysis of the crack extension paths in a Si_3N_4 ceramic tool composite [J]. Int. Journal of Refractory Metals & Hard Materials, 2015, 51: 160-168.

[106] 吕志杰，杨广安，程凯强. Si_3N_4基微纳米复合陶瓷刀具的高速切削性能与磨损机理 [J]. 中国有色金属学报，2015，25 (9)：2517-2522.

[107] 允成哲，张福男. 纳米复合氮化硅刀具材料的制备与性能 [J]. 有色金属工程，2016 (1)：9-13.

[108] Xu W W, Yin Z B, Yuan J T, et al. Preparation and characterization of Si_3N_4-based composite ceramic tool materials by microwave sintering [J]. Ceramics International, 2017, 43 (18): 16248-16257.

[109] Lü Z J, Deng L L, Tian Q B, et al. Cutting performance of Si_3N_4/TiC micro-nanocomposite ceramic tool in dry machining of hardened steel [J]. International Journal of Advanced Manufacturing Technology, 2018, 95 (9-12): 3301-3307.

[110] Zou B, Huang C Z, Chen M, et al. High-temperature oxidation behavior and mechanism of Si_3N_4/Si_3N_4w/TiN nanocomposites ceramic cutting tool materials [J]. Materials Science & Engineering A, 2007, 459 (1-2): 86-93.

[111] 吕志杰，赵军，艾兴. Si_3N_4/TiC 纳米复合陶瓷刀具材料氧化行为 [J]. 硅酸盐学报，2008，36 (2)：210-214.

[112] Šajgalík P, Hnatko M, Lenčéš Z, et al. In situ preparation of Si_3N_4/SiC nanocomposites for cutting tools application [J]. International Journal of Applied Ceramic Technology, 2006, 3 (1): 41-46.

[113] 谷美林. 新型硼化钛基复合陶瓷刀具及切削性能研究 [D]. 济南：山东大学，2007.

[114] Zou B, Huang C Z, Song J P, et al. Effects of sintering processes on mechanical properties and microstructure of TiB_2-TiC+8wt.% nano-Ni composite ceramic cutting tool material [J]. Materials Science & Engineering A, 2012, 540: 235-244.

[115] 潘传增，赵忠民，张龙，等. 超重力场反应加工自增韧 (Ti, W) C-TiB_2凝固陶瓷刀具材料研究 [J]. 稀有金属材料与工程，2013 (s1)：358-362.

[116] Zou B, Ji W B, Huang C Z, et al. Effects of superfine refractory carbide additives on microstructure and mechanical properties of TiB_2-TiC+Al_2O_3 composite ceramic cutting tool materials [J]. Journal of Alloys and Compounds, 2014, 585: 192-202.

[117] Zhao G L, Huang C Z, He N, et al. Microstructure and mechanical properties at room and elevated temperatures of reactively hot pressed TiB_2-TiC-SiC composite ceramic tool materials [J]. Ceramics International, 2016, 42 (4): 5353-5361.

[118] 谭大旺，郭伟明，吴利翔，等. TiB_2-B_4C 陶瓷刀具切削 Inconel 718 合金的切削性能与磨损机制 [J]. 机械工程材料，2018，42 (8)：57-62.

[119] Zou B, Huang C Z, Ji W B, et al. Effects of Al_2O_3 and NbC additives on the microstructure and mechanical properties of TiB_2-TiC composite ceramic cutting tool materials [J]. Ceramics In-

ternational, 2014, 40 (2): 3667 - 3677.

[120] Song J P, Huang C Z, Lv M, et al. Cutting performance and failure mechanisms of TiB_2 - based ceramic cutting tools in machining hardened Cr12MoV mold steel [J]. International Journal of Advanced Manufacturing Technology, 2014, 70 (1 - 4): 495 - 500.

[121] 宋金鹏. 硼化钛基复相陶瓷刀具及其失效机理研究 [D]. 济南: 山东大学, 2012.

[122] Xu Q, Zhang X H, Han J C, et al. Effect of copper content on the microstructures and properties of TiB_2 based cermets by SHS [J]. Materials Science Forum, 2005, 475 - 479: 1619 - 1622.

[123] 宋金鹏, 肖利民, 吕明, 等. Ni 含量对 TiB_2基复合陶瓷刀具材料微观组织及力学性能的影响 [J]. 热加工工艺, 2015 (8): 42 - 45.

[124] 杨发展. 新型 WC 基纳米复合刀具材料及其切削性能研究 [D]. 济南: 山东大学, 2009.

[125] 刘开琪, 徐强, 张会军. 金属陶瓷的制备与应用 [M]. 北京: 冶金工业出版社, 2008.

[126] Zou B, Huang C Z, Song J P, et al. Mechanical properties and microstructure of TiB_2 - TiC composite ceramic cutting tool material [J]. Int. Journal of Refractory Metals and Hard Materials, 2012, 35: 1 - 9.

[127] 叶大伦, 胡建华. 实用无机物热力学数据手册 [M]. 2 版. 北京: 冶金工业出版社, 2002.

[128] 梁英教, 车荫昌. 无机物热力学数据手册 [M]. 沈阳: 东北大学出版社, 1993.

[129] Staia M H, Bhat D G, Puchi - Cabrera E S, et al. Characterization of chemical vapor deposited HfN multilayer coatings on cemented carbide cutting tools [J]. Wear, 2006, 261 (5 - 6): 540 - 548.

[130] Zapata - Solvas E, Jayaseelan D D, Lin H T, et al. Mechanical properties of ZrB_2 - and HfB_2 - based ultra - high temperature ceramics fabricated by spark plasma sintering [J]. Journal of the European Ceramic Society, 2013, 33 (7): 1373 - 1386.

[131] Feng L, Lee S H, Wang H L, et al. Nanostructured HfC - SiC composites prepared by high - energy ball - milling and reactive spark plasma sintering [J]. Journal of the European Ceramic Society, 2016, 36 (1): 235 - 238.

[132] Song J P, Cao L, Jiang L K, et al. Effect of HfN, HfC and HfB_2 additives on phase transformation, microstructure and mechanical properties of ZrO_2 - based ceramics [J]. Ceramics International, 2018, 44 (5): 5371 - 5377.

[133] Zhao G L, Huang C Z, He N, et al. Mechanical properties, strengthening and toughening mechanisms of reactive - hot - pressed TiB_2 - SiC - Ni ceramic composites [J]. Journal of Ceramic Science and Technology, 2017, 8 (2): 233 - 242.

[134] Fei J J, Wang W M, Ren A C, et al. Mechanical properties and densification of short carbon fiber - reinforced TiB_2/C composites produced by hot pressing [J]. Journal of Alloys and Compounds, 2014, 584: 87 - 92.

[135] 傅正义, 袁润章. 自蔓延法高温合成材料新技术 [J]. 武汉理工大学学报, 1991 (3): 26 - 33.

[136] 王志伟. 自蔓延高温合成技术研究与应用的新进展 [J]. 化工进展, 2002 (3): 175 - 178.

[137] 林红, 朱春城, 张幸红, 等. TiC - TiB_2复相陶瓷的自蔓延高温合成研究 [J]. 粉末冶金技术, 2004, 22 (4): 195 - 199.

[138] 孟范成，傅正义，张金咏，等. 自蔓延高温合成/快速加压法制备二硼化钛陶瓷的致密化机理 [J]. 硅酸盐学报，2007，35 (4)：430 -434.

[139] Li G, Marta Z. The TiB_2 - based Fe - matrix composites fabricated using elemental powders in one step process by means of SHS combined with pseudo - HIP [J]. Int. Journal of Refractory Metals & Hard Materials, 2014, 45: 141 - 146.

[140] 李县辉，孙永安，张永乾. 陶瓷材料的烧结方法 [J]. 陶瓷学报，2003，24 (2)：120 -124.

[141] 刘慧渊，何如松，周武平，等. 热等静压技术的发展与应用 [J]. 新材料产业，2010 (11)：12 -17.

[142] 管德良，金松哲，孙世成，等. 快速烧结 TiB_2陶瓷 [J]. 长春工业大学学报（自然科学版），2007，28 (3)：305 -307.

[143] 齐方方，王子钦，李庆刚，等. 超高温陶瓷基复合材料制备与性能的研究进展 [J]. 济南大学学报（自然科学版），2019 (1)：8 -14.

[144] 潘传增，张靖，朱冰，等. Ti - B_4C 体系反应熔铸合成 TiB_2基复相陶瓷刀具材料 [J]. 稀有金属材料与工程，2015 (s1)：324 -327.

[145] 娄光普，赵忠民. 超重力场自蔓延离心熔铸 TiB_2 - (Ti, W) C 复目陶瓷的研究 [J]. 人工晶体学报，2016，45 (5)：1271 -1275.

[146] Huang X G, Zhao Z M, Zhang L. Composition modification and mechanical properties of solidified TiB_2 - based ceramic prepared by combustion synthesis in ultra - high gravity field [J]. Key Engineering Materials, 2014, 591: 79 - 83.

[147] Gu M L, Huang C Z, Zou B, et al. Effect of (Ni, Mo) and TiN on the microstructure and mechanical properties of TiB_2 ceramic tool materials [J]. Materials Science & Engineering A, 2006, 433 (1 - 2): 39 - 44.

[148] 全国工业陶瓷标准化技术委员会. 精细陶瓷弯曲强度试验方法：GB/T 6569—2006/ISO 14704：2000 [S]. 北京：中国标准出版社，2006.

[149] 全国工业陶瓷标准化技术委员会. 精细陶瓷室温硬度试验方法：GB/T 16534—2009 [S]. 北京：中国标准出版社，2009.

[150] 徐强，张幸红，曲伟，等. SHS/PHIP 法合成 TiB_2陶瓷的研究 [J]. 高技术通讯，2002，12 (8)：71 -74.

[151] Wang S H, Zhang Y C, Sun Y, et al. Synthesis and characteristic of SiBCN/HfN ceramics with high temperature oxidation resistance [J]. Journal of Alloys and Compounds, 2016, 685: 828 - 835.

[152] Zhang Z H, Shen X B, Wang F C, et al. Densification behavior and mechanical properties of the spark plasma sintered monolithic TiB_2 ceramics [J]. Materials Science & Engineering A, 2010, 527 (21 - 22): 5947 - 5951.

[153] Yu Y L, Hu Q, Xiao W, et al. Design of highly efficient Ni - based water - electrolysis catalysts by a third transition metal addition into Ni_3Mo [J]. Intermetallics, 2018, 94: 99 - 105.

[154] Qi L, Jin Y C, Zhao Y H, et al. The structural, elastic, electronic properties and debye temperature of Ni_3Mo under pressure from first - principles [J]. Journal of Alloys and Compounds, 2015, 621: 383 - 388.

[155] Gu M L, Xu H J, Zhang J H, et al. Influence of hot pressing sintering temperature and time on

microstructure and mechanical properties of TiB_2/TiN tool material [J]. Materials Science & Engineering A, 2012, 545: 1-5.

[156] Gao J J, Song J P, Liang G X, et al. Effects of HfC addition on microstructures and mechanical properties of $TiC_{0.7}N_{0.3}$ - based and $TiC_{0.5}N_{0.5}$ - based ceramic tool materials [J]. Ceramics International, 2017, 43 (17): 14945-14950.

[157] 高凌燕. 微波烧结 Ti (C, N) 基金属陶瓷的工艺及性能研究 [D]. 株洲: 湖南工业大学, 2014.

[158] 王瑞凤. 碳纳米管增强 Ti (C, N) 基金属陶瓷刀具材料的研究 [D]. 济南: 齐鲁工业大学, 2013.

[159] Hall E O. The deformation and ageing of mild steel: Ⅲ discussion of results [J]. Proceedings of the Physical Society - Section B, 1951, 64: 747-753.

[160] Petch N J. The cleavage strength of polycrystals [J]. Journal of the Iron Steel Institute, 1953, 174 (1): 25-28.

[161] Suskin G, Chepovetsky G I. Comparison of vacuum and pressure - assisted sintering of TiB_2 - Ni [J]. Journal of Materials Engineering and Performance, 1996, 5 (3): 396-398.

[162] Fu Z Z, Koc R. Sintering and mechanical properties of TiB_2 - TiC - Ni using submicron borides andcarbides [J]. Materials Science & Engineering A, 2016, 676: 278-288.

[163] 刘佳思, 纪箴, 贾成厂, 等. 纳米 AlN 颗粒弥散增强铜基复合材料的制备及性能研究 [J]. 粉末冶金技术, 2017, 35 (5): 323-327.

[164] 于福文, 吴玉程, 陈俊凌, 等. 纳米 TiC 颗粒弥散增强超细晶钨基复合材料的组织结构与力学性能 [J]. 功能材料, 2008, 39 (1): 139-142.

[165] 熊焰, 傅正义. 二硼化钛基金属陶瓷研究进展 [J]. 硅酸盐通报, 2005, 24 (1): 60-64.

[166] 神祥博, 张朝晖, 王富耻, 等. 放电等离子烧结法制备 TiB 陶瓷刀具材料的显微结构和力学性能 [J]. 模具制造, 2010, 10 (12): 92-94.

[167] 张朝晖, 罗杰, 黄橙骋, 等. TiB - TiB_2陶瓷复合材料的放电等离子烧结致密化 [J]. 北京理工大学学报, 2010, 3 (4): 492-495.

[168] Baris M, Simsek T, Akkurt A. Mechanochemical synthesis and characterization of pure Co_2B nanocrystals [J]. Bulletin of Materials Science, 2016, 39 (4): 1119-1126.

[169] Fu Z Z, Koc R. Pressureless sintering of TiB_2 with low concentration of Co binder to achieve enhanced mechanical properties [J]. Materials Science & Engineering A, 2018, 721: 22-27.

[170] Zhu D G, Liu S K, Yin X D, et al. In - situ HIP synthesis of TiB_2/SiC ceramic composites [J]. Journal of Materials Processing Technology, 1999, 89-90: 457-461.

[171] Liu Y L, Cheng J, Yin B, et al. Study of the tribological behaviors and wear mechanisms of WC - Co and WC - Fe_3Al hard materials under dry sliding condition [J]. Tribology International, 2017, 109: 19-25.

[172] Deng J X, Ding Z L, Zhao J, et al. Unlubricated friction and wear behaviors of various alumina - based ceramic composites against cemented carbide [J]. Ceramics International, 2006, 32 (5): 499-507.

[173] 黄亮, 易丹青, 李荐, 等. 干摩擦条件下 WC - Ni/SiC 摩擦副的摩擦磨损性能研究 [J]. 润滑与密封, 2008, 33 (3): 87-90.

[174] Bhatt B, Murthy T S R Ch, Limaye P K, et al. Tribological studies of monolithic chromium dibo-

ride against cemented tungsten carbide (WC – Co) under dry condition [J]. Ceramics International, 2016, 42 (14): 15536 – 15546.

[175] Sonber J K, Raju K, Murthy T S R Ch, et al. Friction and wear properties of zirconium diboride in sliding against WC ball [J]. Int. Journal of Refractory Metals & Hard Materials, 2018, 76: 41 – 48.

[176] Murthy T S R Ch, Sairam A, Sonber J K, et al. Microstructure, thermo – physical, mechanical and wear properties of in – situ formed boron carbide – zirconium diboride composite [J]. Ceramics – Silikáty, 2018, 62 (1): 15 – 30.

[177] Halling J. Principle of tribology [M]. London: Macmillan Press, 1975.

[178] 姚淑卿, 邢书明, 邓建新, 等. Al_2O_3基陶瓷材料与硬质合金摩擦的应力分析 [J]. 北京交通大学学报, 2010, 34 (1): 132 – 136.

[179] Gupta S, Sharma S K, Kumar B V M, et al. Tribological characteristics of SiC ceramics sintered with a small amount of yttria [J]. Ceramics International, 2015, 41 (10): 14780 – 14789.

[180] Yin Z B, Yuan J T, Huang L, et al. Friction and wear properties of Al_2O_3 – based micro – nano composite ceramic tool materials [J]. Chinese Journal of Materials Research, 2016, 30 (10): 753 – 758.

[181] Zhang C, Song J P, Jiang L K, et al. Fabrication and tribological properties of WC – TiB_2 composite cutting tool materials under dry sliding condition [J]. Tribology International, 2017, 109: 97 – 103.

[182] Wesmann J A R, Espallargas N. Effect of atmosphere, temperature and carbide size on the sliding friction of self – mated HVOF WC – CoCr contacts [J]. Tribology International, 2016, 101: 301 – 313.

[183] Deng J X, Zhang H, Wu Z, et al. Friction and wear behaviors of WC/Co cemented carbide tool materials with different WC grain sizes at temperatures up to 600°C [J]. Int. Journal of Refractory Metals & Hard Materials, 2012, 31: 196 – 204.

[184] Bakshi S D, Basu B, Mishra S K. Fretting wear properties of sinter – HIPed ZrO_2 – ZrB_2 composites [J]. Composites: Part A, 2006, 37 (10): 1652 – 1659.

[185] Khurshudov A G, Olsson M, Kato K. Tribology of unlubricated sliding contact of ceramic materials and amorphous carbon [J]. Wear, 1997, 205 (1 – 2): 101 – 111.

[186] Bonny K, Delgado Y P, Baets P D, et al. Impact of wire – EDM on tribological characteristics of ZrO_2 – based composites in dry sliding contact with WC – Co – cemented carbide [J]. Tribology Letters, 2011, 43 (1): 1 – 15.

[187] Delgado Y P, Staia M H, Malek O, et al. Friction and wear response of pulsed electric current sintered TiB_2 – B_4C ceramic composite [J]. Wear, 2014, 317 (1 – 2): 104 – 10.

[188] 殷增斌, 袁军堂, 黄雷, 等. Al_2O_3基多尺度颗粒复合陶瓷刀具材料的摩擦磨损性能 [J]. 材料研究学报, 2016, 30 (10): 753 – 758.

[189] Ai X, Gao D Q, Chen W, et al. Tribological behaviour of Si_3N_4 – hBN ceramic materials against metal with different sliding speeds [J]. Ceramics International, 2016, 42 (8): 10132 – 10143.

[190] Liu H Y, Fine M E, Cheng H S. Tribological behavior of SiC – whisker/Al_2O_3 composites against carburized 8620 steel in lubricated sliding [J]. Journal of the American Ceramic Society, 1991,

74 (9): 2224 - 2233.

[191] Bodhak S, Basu B, Venkateswaran T. Mechanical and fretting wear behavior of novel (W, Ti) C - Co cermets [J]. Journal of the American Ceramic Society, 2006, 89 (5): 1639 - 1651.

[192] Song P L, Yang X F, Wang S R, et al. Tribological properties of self - lubricating laminated ceramic materials [J]. Journal of Wuhan University of Technology - Mater. Sci. Ed., 2014, 29 (5): 906 - 911.

[193] Maegawa S, Itoigawa F, Nakamura T. Effect of normal load on friction coefficient for sliding contact between rough rubber surface and rigid smooth plane [J]. Tribology International, 2015, 92: 335 - 343.

[194] Wang J A, Cheng Y, Zhang Y, et al. Friction and wear behavior of microwave sintered Al_2O_3/TiC/GPLs ceramic sliding against bearing steel and their cutting performance in dry turning of hardened steel [J]. Ceramics International, 2017, 43 (17): 14827 - 14835.

[195] Tong Y X, Wang L Q, Gu L, et al. Friction and wear behavior of structural ceramics sliding against bearing steel under vacuum condition [J]. Advanced Materials and Computer Science, 2011, 474 - 476: 973 - 978.

[196] Sun Z Q, Wu L, Li M S, et al. Tribological properties of $\gamma - Y_2Si_2O_7$ ceramic against AISI 52100 steel and Si_3N_4 ceramic counterparts [J]. Wear, 2009, 266 (9 - 10): 960 - 967.

[197] Raju G B, Basu B. Wear mechanisms of TiB_2 and $TiB_2 - TiSi_2$ at fretting contacts with steel and WC - 6wt% Co [J]. International Journal of Applied Ceramic Technology, 2010, 7 (1): 89 - 103.

[198] Pirso J, Letunovitš S, Viljus M. Friction and wear behaviour of cemented carbides [J]. Wear, 2004, 257 (3 - 4): 257 - 265.

[199] 郭华锋, 孙涛, 李菊丽. 不同摩擦条件下 TC4 钛合金摩擦学性能研究 [J]. 热加工工艺, 2014, 43 (10): 40 - 43.